読むだけで
数字センスがみるみるよくなる本

深沢真太郎

三笠書房

センスのいい人って憧れますよね。

特に**数字を巧みに操るセンス**……（羨ましい）。

実は、今からでも手に入ります。

難しい勉強は、
一切必要ありません。

さぁ、私と一緒に
数字センスが
よくなる旅に出かけましょう！

はじめに

～あなたはおそらく「数字が苦手」なのではありません～

計算がどうにも苦手だ。
数字を見るとキモチ悪くなる。
数字の入った説明を聞くと、思考停止になってしまう。
そんな自分が嫌だし、周囲からバカにされるのではと心配になる。

そんな人は、ぜひ先を読み進めてみてください。

右の症状はいずれも、「どうも数字って苦手だな」と思っている人が自覚しているものです。

私たちは日常生活において、あるいは仕事の場面において、たくさんの数字を扱っています。ゆえにこの苦手意識はあなたの人生において少しずつ、でも確実に、「不安」そして「不快」をもたらしています。

では、先ほどの症状の逆を表現してみます。

計算がサクサクできる。
数字を見ると、なんだか楽しくなる。
数字の入った説明がすんなり頭の中に入ってくる。
そんな自分をちょっとカッコいいと思うし、周囲から素敵に思われる（かも？）。

どうでしょうか？　読むだけであなたの人生において「快」がもたらされるはずです。本書を手に取っていただいたあなたの理想は、おそらくこのような姿ではないでしょうか。

こんにちは。本書の著者、深沢真太郎です。国内で唯一の「ビジネス数学教育家」として、主にビジネスパーソンの人材育成や教育に従事しています。

私の提唱するビジネス数学とは、数字に強いビジネスパーソンを育成する教育のこと。これまで延べ2万人以上のビジネスパーソンに研修やセミナーなどを通じて、数字との正しい付き合い方を指導してきました。換言すれば、私は日本で最も多くの「数字が苦手とおっしゃるビジネスパーソン」とお会いしてきた人間となります。そんな私から、少しばかり大胆な主張をさせていただきます。

もし、あなたが「どうも数字って苦手だな」と思っているなら、私は「おそらくそれは思い込みに過ぎませんよ」と柔らかく否定するでしょう。

それには、もちろん理由があります。たとえば私が登壇する企業の研修などは長くても1日、短ければ2時間程度のものです。そのような短い時間の中で、それまで苦手だったものが得意になるでしょうか？　できなかったものが完璧にできるようになるでしょうか？　そんなことはまず不可能です。

しかし、「認識」や「考え方」を変えることはできます。正しい習慣を身につければ、以降の人生においてそれまで苦手だったものが得意になることは可能です。断言します。必ずできます。

お気づきかもしれませんが、私が企業研修などでしていることは、この**「認識」**や**「考え方」を変えること**なのです。

計算問題をたくさん解かせているわけではありません。

数学やデータサイエンスの勉強をさせているわけでもありません。

多くの人の心の中にある根深い「思い込み」を排除することに、時間を使っているのです。

本書は私が教育現場でしていることをコンパクトにまとめ、読み進めていただくことで「数字との付き合い方」が自然に変わることを目指した一冊です。そして本書にはある考え方が根底にあります。

×しっかり時間をとって勉強する

◯スキマ時間を使って遊ぶ

この2つは一見真逆のことが表現されています。大人はみんな、仕事やプライベートで忙しいはず。今から苦手なことを勉強しなさいと言われてもまずできないでしょうし、その必要もありません。しかし、どんなに忙しくてもスキマ時間ならあります。「勉強しなさい」と言われると前向きになれなくても、「とにかく自由に遊びなさい」ならすぐにやってみようと思えませんか？　これは、大人も子どもも同じでしょう。

ですからあなたも本書を読み進めるにあたり、「数字の勉強をしなきゃ！」と思ってはいけません。「数字を使った遊び方を知る」と思って楽しんでいただきたいと思います。

これは、とても重要なことです。**不快なことを解消するための方法が不快では意味がありません**。あなたにとって楽しいこと、続けられることであることが極めて重要です。

そうすればあなたの苦手意識は自然に消滅し、数字とうまく付き合える頭脳に変わっていくでしょう。

最後に、あなたが本書を読むことで手にするものを「数字センス」とネーミングしています。

センスとは感覚のこと。ファッションセンス。絵を描くセンス。コミュニケーションのセンス。

私たちは様々な場面でセンスという言葉を使いますが、センスはないよりもあったほうがいいものです。そして、それを持っている人は素敵に見えたり、憧れや尊敬の対象になったりします。「数字センス」もそれと同じだと思ってください。いかがでしょう？　悪くありませんよね。

これまでずっと不快感をもたらしてきたものと向き合うことは、簡単ではありません。しかしそれでも逃げずに挑戦しようとする人を、私は教育者として全力で応援したいと思っています。その気持ちを本書の一字一句に込めたつもりです。ぜひ最後までお楽しみください。

さっそくですが、ひとつの数字をあなたに示します。

3・14

さて、あなたは何を連想し、どんな感情を抱きましたか？　数字センスが身につく楽しい遊び。このあと本編で続きをどうぞ。

ビジネス数学教育家　**深沢　真太郎**

CONTENTS

CHAPTER 1

「数字センス」の正体

ゴールをイメージすることが、ゴールにたどり着く最低条件

CHAPTER 2

表現センスが磨かれる！数字を使ったコトバ遊び

シェイクスピアは、コトバ遊びを生涯やり続けた

CHAPTER 3

いつでも簡単にできる！「数字センス」が一気に身につく計算遊び

モーツァルトは、寝ているとき以外はつねに遊んでいた

CHAPTER 4

「数字センス」を一生モノにするための環境づくり

頑張らないと続かない時点で、おそらく何かが間違っている

編集協力　金本 智恵(サロン・ド・レゾン)
本文デザイン・DTP　土屋 裕子(株式会社ウエイド)
山中 里佳(株式会社ウエイド)
本文イラスト　ユア

PROLOGUE

あなたは本当に「数字が苦手」なのか

何かに悩んだら、そもそもの大前提を疑え

1 あなたの苦手意識は、単なる思い込みです

「はじめに」の続きです。次の数字をご覧ください。

3・14

あなたは、この数字から何を連想しますか?

もしかしたら、かつて数学の授業で登場した「円周率」を連想したかもしれません。

「円周の長さを求めなさい」「円の面積を求めなさい」「球の体積を求めなさい」……

数学が好きだった方ならまだしも、嫌いだった方はかつてのイヤな記憶が蘇ったことでしょう。

しかし、もしこの数字から3月14日のことを連想したとしたらどうでしょう? そう、「ホワイトデー」です。

もしかしたら甘いお菓子やパートナーのこと、あるいは初恋を思い出し、ちょっとイイ気分になれるかもしれません。

ほかにも、こんなことを考えてみましょう。

あなたの好きな数字は何でしょうか? 私は自分の誕生日でもある「22」が好きです。いわゆるゾロ目なところも気に入っています。

車のナンバーやデジタル時計なども、「1111」のように数字が並んでいると、ちょっと嬉しくなります。

おそらくあなたも私と同じように何かしらの理由をつけて、「好きな数字」を答えることができるはずです。

「ワタシは数字が苦手なので、好きな数字なんてひとつもありません!」なんて答える人は、おそらくいないのではないでしょうか。

ここまでの話をまとめる意味で、私がお伝えしたいことを2行で表現します。

CHECK

あなたは、数字そのものが不快なのではありません。
数字に対する、かつての不快な記憶が蘇っているだけなのです。

はじめに、でもお話ししましたが、もしあなたが自分のことを「数字が苦手なタイプ」と思っているとしたら、それは単なる思い込みに過ぎません。これはとても大胆でありながら、本書においてとても重要なメッセージになります。

そんなことない！　と思う方もいるかもしれませんね。では、今からあるエクササイズを一緒にやってみましょう。

安心してください。難しい数字のお勉強ではありませんから。

あなたは勝手に「不快なもの」を連想しているだけです。

あなたの苦手意識をはずそう！

イヤな気分

円周率だ……

3.14

ホワイトデーだ……

イイ気分

2

あなたの「ラッキーナンバー」を計算してみてください

次ページのような、2種類のエクササイズをやってみましょう。

数字を使った計算そのものは、どちらも同じです。しかし、そのときのあなたの感情はどうだったでしょうか？

何の意味づけもされていない〈エクササイズ1〉での計算は、数字が苦手と思い込んでしまっている方にはちっとも楽しくない（むしろ不快な）作業だったのではないでしょうか？

ところが、〈エクササイズ2〉ではその計算をワクワクしながらできたのではないでしょうか？

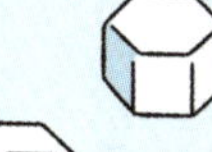

エクササイズ1

次の計算をしてください。

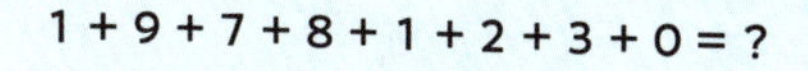

1＋9＋7＋8＋1＋2＋3＋0＝？

エクササイズ2

生年月日の数字を分解し、1桁になるまで足してください。

最終的に導き出された1桁の数字があなたのラッキーナンバーとなります。

例）1978年12月30日生まれの場合

1＋9＋7＋8＋1＋2＋3＋0＝31

31 ➡ 3＋1＝4

ラッキーナンバーは 4

ラッキーナンバーが1の人は…

ラッキーナンバーが2の人は…

ラッキーナンバーが3の人は…

ラッキーナンバーが4の人は…

なぜ同じ計算をしているのに〈エクササイズ1〉は不快なのか。

それは、意味づけされていない状態で数字を使うことを強要されているからです。

おそらくあなたも、かつて算数の授業で同じような体験をしたのではないでしょうか。


一方、〈エクササイズ2〉は数字を使う行為に明確な意味づけがされています。その先の「答え」も気になります。だから、数字を使うことに不快感などないのです。

まさか、「私は数字が苦手だからラッキーナンバーなんて計算したくありません！」なんて人はいませんよね。

CHECK

意味づけがあるかどうかで、同じ計算でもワクワクしたり、不快になったりする。


いかがでしょう？

あなたはおそらく、本書を手に取るまでは「自分には苦手意識がある」と思い込んでいたはずです。

でも、その苦手意識の正体はあなたにとって不快なものを連想してしまう「極めて軽い心の症状」に過ぎません。そして、その「症状」は正しいアプローチをすれば必ず治癒します。

では、どうやってその症状を克服していくか、ご説明していきましょう。

ONE POINT

その苦手意識は、必ず克服できる、「極めて軽い心の症状」です。

3

数字と仲良くなるためのポイントは、「気分」にある

18ページでお伝えした「3・14」の話を思い出してみましょう。

円周率 ⬇ イヤな気分
ホワイトデー ⬇ イイ気分

円周率を連想し、イヤな気分になるから目の前の「3・14」という数字にも不快感を持ちます。しかし、ホワイトデーを連想し、イイ気分でいればあなたは「3・14」という数字に不快感を持つことはないでしょう。

つまり、ポイントは数字というものに対するとらえ方ということになります。もし「自分には数字に対する苦手意識がある」と思い込んでいる人は、そう認識してしま

うようなとらえ方をしてしまっているのです。

さらに、あなたがこれからの人生において数字と上手に付き合っていくためには、「気分」が極めて重要なポイントになります。

たとえば、カウントダウン。

「5、4、3、2、1、0～!」と大きな声で叫びますよね。このとき、その人たちは不快な状態でカウントダウンをしているでしょうか。みんな笑顔で、楽しそうに数字を使っています。これは、その瞬間がイイ気分だからです。

「人間は感情の生き物である」とよくいわれますが、その通りだと思います。時々の感情によって、同じものでも好き嫌いや善悪が変わってしまいます。そこに理屈はありません。

だからこそ、私はあなたが数字を見たときに起こる不快な「症状」を、イイ気分で見たり、読んだり、計算したりできるようにすることで克服したいのです。

この考え方は、私も仕事の現場で活用しています。具体的には、受講者に数字の勉強をさせるのではなく、〝数字で遊ぶ〟時間を多くとっているのです。

手前味噌ですが、私がプロデュースし、講師として登壇する研修やセミナーでは、多くの方が「勉強になりました」ではなく、「面白かった」「楽しかった」という感想を残してくれます（半分はリップサービスかもしれませんが）。

でも、これは私の狙い通りで、そういう設計をしているのです。

研修やセミナーで、いくらビジネス数字に対する正論を〝楽しくなく〟伝えても、不快な気分では参加者は数字に対する苦手意識を決して克服できません。

しかし、その研修が楽しく心地よいものだとしたら？　そのイイ気分を持ち帰れるので、明日からの仕事においても数字に対してイイ気分で接することができます。

CHECK

遊び心を持って数字に接する時間をたくさんつくる。

これが、本書であなたにご提案することです。ですから本書でご紹介していくエッセンスは、あなたがイイ気分でいられるような「遊び」の提案になっています。中には思わず笑ってしまうようなものもあるかもしれませんが、ぜひ楽しみながら読み進めていただきたいと思います。

そしてどうか、「自分は数字が苦手なわけではなかったんだ」と思ってください。私は数字が苦手ではない！　そう思ってくださらないと、この先お読みいただく内容がどれだけ質の高いものであったとしてもまったく意味がなくなってしまいます。それほどまでに、このテーマは「あなたが今どう思っているか」が重要なのです。

最大のポイントはあなたの感情。イイ気分で数字と接しましょう。

CHAPTER 1

「数字センス」の正体

ゴールをイメージすることが、
ゴールにたどり着く最低条件

1 「数字センス」って何だ？

まずは本書を通じてあなたが手にするもの、すなわち「数字センス」とは何かを定義しましょう。

数字センスとは、「数字をコトバとして扱う感覚」のことです。

この定義には、2つの重要な表現が含まれています。「コトバ」と「感覚」です。

それぞれ誤解のないよう、丁寧に説明していきます。

その1 「コトバ」であること

コトバ（言葉）とはいわゆる言語のこと。つまり、数字とは言語なのです。

なぜこの定義が重要かというと、私たちが日常においてどんなときに言語を使うかを理解することに直結するからです。

私たちはどんなときに言語を使うか。実は2種類に分けることができます。ひとつはコミュニケーションしているとき。もうひとつは、考えているときです。


たとえば、昨日していたことを思い返してみてください。

どなたかとお話をしませんでしたか？　そのとき、あなたは相手が発するコトバを聞き、コトバを返したはずです。たとえ短くても、コトバがなければ、コミュニケーションは成立しません。


考えるときも同じです。あなたは何かを考えるとき、「なぜ？」「ということは……」「そもそも……」といったコトバを使って答えを導いているのではないでしょうか。これらのコトバを使わなければ、あなたは考えることができません。

コトバとは、コミュニケーションと思考に必要なもの。そして、数字もコトバである。もしこれらをご理解いただけるならば、あなたは必然的に次の結論を得ることになります。

CHECK
数字とは、コミュニケーションと思考の際に使う言語。

数字でコミュニケーションすること。数字で考えること。おそらくあなたが本書を通じて得たいものは、そういうスキルではないでしょうか。

その2 「感覚」であること

感覚とは何かを言語化するのは、意外に難しいものです。なぜなら誰もが、感覚というものをまさに「感覚的」に理解してしまっているからです。あえて定義するなら、「物事のとらえ方・感じ方」といった表現になるでしょうか。

ここで重要なことがあります。それは、感じ方とは一生変わらないものではなく、あとからいくらでも変わるものであるということです。

たとえば、私が子どもの頃に感じた「1年間」という時間の長さに比べて、大人になってからの「1年間」はかなり短く感じます。

年末に「もう今年も終わりなんて……月日が経つのは早いですね」などと言うのはたいてい大人です。

ですから、数字センスが**「もともと備わったもの」という考え方は大きな間違い**ということになります。数字センスはいつからでも身につけられる。つまり、大人になった今からでも身につけることができるものなのです。

CHECK

感覚は一生変わらないものではなく、あとからいくらでも変わる。同様に、数字センスも何歳からでも身につけられる。

以上で、数字センスとは何かが明確になりました。

そこで次項からは、数字センスを持った人は具体的にどんなことができるのか、裏を返せば数字センスが足りない人はどんなことをしてしまうのか、その違いを解説していきます。

数字との付き合い方を提示し、あなたに目指してほしい姿（目指してほしくない姿）を明確にすることで、あなたは読後の自分がどうなっているかをはっきりイメージすることができるはずです。

全部で5つあります。ぜひ自分だったら？　とイメージしながらお楽しみください。

数字センスとは、「数字をコトバとして扱う感覚」のこと。

2

数字センスがある人の特徴①
いちいち「0」を数えない

たとえば、あなたの目の前にとても高級な宝飾品があり、そのそばに下のイラストのようなプライスタグが置いてあったとしましょう。

さて、おいくらでしょうか？

答えは……もちろん5億円です。しかし、面白いことにその答え方は大きく2つに分かれます。

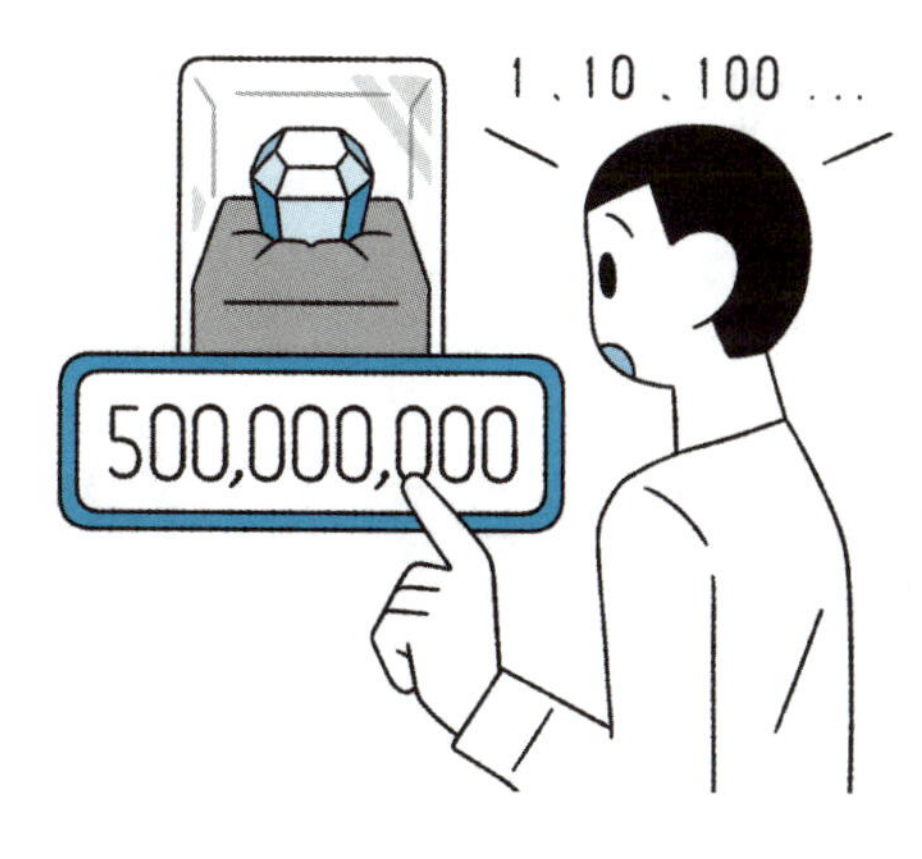

A「,（カンマ＝位ドリ）」の数ですぐに答えられる人（時間にして1秒）
B「いち・じゅう・ひゃく・せん・まん……」と数えて答える人（時間にして5秒）

もうひとつ似た例を。
私が担当する企業研修などのワークでは、ホワイトボードにそのプロセスや結論を書かせることがありますが、たとえばこんな文章表現ひとつでも差が出ます。

A 本年度の売上は34・5億円を見込んでおります。
B 本年度の売上は3,450,000,000円を見込んでおります。

どちらが一瞬で金額を理解できるか、そしてどちらが数字センスのある人が書いた文章か、おそらくあなたにも想像がつくことでしょう。
これまで多くのビジネスパーソンを見てきた私が断言できるのは、数字に強く、成果も出している優秀なビジネスパーソンは、ほとんどがAだということ。換言すれば、数字センスがある人は、**桁の大きい数字と仲良くできている**ということです。

具体的には、以下のような知識を使って素早く数字を把握しています。

数字センスのある人は、このロジックがインプットされているので、37ページのプライスタグの問題でも、「,（カンマ）」が2つあり（百万）、その100倍だから5億円、あるいは「,（カンマ）」3つ（十億）からひとつ桁を小さくしたものだから、5億円だなと一瞬で把握することができるのです。

「0」をたくさん数えることも書き並べることも、正直言って面倒くさいですよね。つまり、あなたを不快にさせてしまう行為です。

一方、右の知識さえあれば桁をあっさりとらえることができますから、数字に対してイヤな気分になること

CHECK

- 「0」が3つ「,（カンマ）」が1つ
  千（1,000）
- 「0」が6つ「,（カンマ）」が2つ
  百万（1,000,000）
- 「0」が9つ「,（カンマ）」が3つ
  十億（1,000,000,000）

とはありません。

数字センスのある人は、このようなちょっとしたコツを使って不快を排除し、気分よく数字と付き合っているのです。

今日から、
「いち・じゅう・ひゃく・せん・まん……」は厳禁。

3 数字センスがある人の特徴②
とにかく「%」と仲良し

前項の「0」の話は、セミナーや研修で余談としてお話しすると、とても反応がいい（笑）。それだけ「あるある」な話なのでしょう。

続いてご紹介するエピソードも、「ああ……それワタシだ」なんて声が聞こえてくるかもしれません。

たとえば「10%の人が不満であると回答しました」なんて表現、よく耳にしますよね。そこで質問です。

考えてみよう！

「10%の人」とは「○人のうち1人」と同じこと

○に入る数字は何でしょうか？
もちろん「10人のうち1人」ですね。

では、次はどうでしょう。


考えてみよう！

「12・5％の人」とは、「○人のうち1人」と同じこと

先ほどはとても簡単でしたが、今度は途端に難しくなったように感じませんか？

正解は「8人のうち1人」。

数字センスのある人は、このような数字の変換がアッサリできてしまいます。それは、次のようなロジックと数字が、すでに頭に入っているからです。

「50％の人」とは、「2人のうち1人」と同じこと
「25％の人」とは、「4人のうち1人」と同じこと
「12・5％の人」とは、「8人のうち1人」と同じこと

このような数字が頭に入っていると、たとえば「視聴率17％」なんて数字を聞けば「ああ、だいたい6世帯のうち1世帯が見たってことね」と認識できますし、「投票率66％」という数字は、「ああ、だいたい3人に2人が投票したってことね」と認識できます。

そういえば「日本人男性の60％、女性の40％ががんになる」という事実を、「日本人の2人に1人はがんになる」なんて表現しますよね。そして多くの人が後者の表現を「わかりやすい」と感じると思います。「わかりやすい」とは、ピンとくるということ。だから、後者の表現が好まれるのです。

CHECK
「％」で表現された数字はつねに「○のうち1」と変換する。

「割合（％）」は、日常生活でもビジネスシーンにおいても頻繁（ひんぱん）に登場する数字です。

ところが、「数字が苦手」と思い込んでしまっている方は、どうやらこの「％」という数字の扱い方に不慣れなようです。

ならば割合を「○（数量）のうち1」といった表現に変換し、ピンとくるコトバとして扱ってはいかがでしょうか？　私はこれを、身近な存在になってもらうという意味を込めて「**割合（%）と仲良くなる**」と表現しています。

一般論として、「ピンとこない」というのは不快です。「仲良くない」も不快です。できるだけあなたの不快を排除する選択をするようにしましょう。

「%」と仲良くなって、
数字の不快を排除しよう。

4 数字センスがある人の特徴③
必要のない計算はしない

別の角度から、数字センスがある人の特徴を説明しましょう。

次ページのデータをご覧ください。このデータは国内でテーマパークを運営する代表的な2社の決算短信から数字を抜粋し、比較したものです。

一方は東京ディズニーリゾートを運営する株式会社オリエンタルランド。もう一方はユニバーサル・スタジオ・ジャパンを運営する合同会社ユー・エス・ジェイです（2社の決算期が異なるために時期が若干ずれていますが、ほぼ同時期の経営数字ということでご容赦ください）。

たとえば私がこんな質問をしたら、あなたはどう答えますか？

考えてみよう！

「好調」なのはどちらの企業でしょうか？

あなたはもしかしたら、とりあえず営業利益率や営業利益の増加額といった数字を弾き出そうとするかもしれません。

しかし、そのように **〝とりあえず〟データを触ろうとしてしまう方は要注意**です。

なぜならここで必要な計算は何か、そもそも計算することが必要なのか、といった基本的な確認をすることなく、とりあえず与えられた数字で何かを計算しなければならないと思い込んでいる可能性があるからです。

そもそもこの問題、まずは何をもって「好調」と定義するかであなたの結論はすぐに決まるはずです。

	株式会社 オリエンタルランド		合同会社 ユー・エス・ジェイ	
	2023年 3月期	2024年 3月期	2022年 12月期	2023年 12月期
売上	483,123	618,493	140,998	178,995
営業利益	111,199	165,437	12,085	30,480

もし「直近の期で売上が多いほうが好調」と定義すれば、この問いの答えは株式会社オリエンタルランドとなります。営業利益率や営業利益の増加額といった数字を計算する必要はありません。

もし「直近の期で営業利益率が高いほうが好調」と定義するなら、そのときはじめて両社の営業利益率を計算すればよいでしょうし、「前期と比較して営業利益の伸び率が高いほうが好調」と定義するならば、そのときはじめて両社の営業利益の伸び率を計算すればよい。ただそれだけの話なのです。

実際に計算した結果は、次の通りです。

● **「直近の期で営業利益率が高いほうが好調な企業」**
↓26・7%と17・0%の比較で答えが導ける

	株式会社 オリエンタルランド		合同会社 ユー・エス・ジェイ	
	2023年 3月期	2024年 3月期	2022年 12月期	2023年 12月期
売上	483,123	618,493	140,998	178,995
営業利益	111,199	165,437	12,085	30,480
営業利益率	23.0%	26.7%	8.6%	17.0%
営業利益の伸び率	−	148.8%	−	252.2%

↓株式会社オリエンタルランド

「前期と比較して営業利益の伸び率が高いほうが好調な企業」

↓148・8％と252・2％の比較で答えが導ける

↓合同会社ユー・エス・ジェイ

しかしなぜか数字に苦手意識がある人ほど、数字がたくさんあるとそれらの数字を捏ねくり回さなければならないと思い込んでいるケースが実に多いのです。

似たエピソードをご紹介しましょう。エクセルにビッシリ並んだデータを使って、簡単な数値分析をさせる研修を行ったときの話です。

数字センスのある人は、データの中から必要なものだけをピックアップし、必要な計算だけしてサッサと成果物を作ります。シンプルな仕事の仕方ですね。

一方、苦手意識を持っている人ほど、なぜかエクセルのデータを全部使おうとします。

手元にあるデータは全部使ったほうがいい、あるいはとりあえず何となく、できそうな計算はすべてやってみてから考える、などといった思い込みがあるのでしょうか。

「このデータとこのデータを足して、このデータとこのデータを割って……」

そんな行為をひと通り行い、考え得る数字の操作がすべて終わると、あとはじ〜っとパソコンとにらめっこ。どんどん数字の迷宮にはまっていくのです。その表情は、「不快感」でいっぱいです。

物事は複雑にすればするほど結論を出すのが難しくなるものです。2万人以上のビジネスパーソンの苦手意識を克服させてきた私が自信を持って断言します。

CHECK

数字センスのある人は、意外と計算していません。
数字センスのない人は、必要のない計算をイヤ〜な気分でしています。

ひょっとすると、あなたはこれまでの人生において、**しなくてもいい計算をたくさ**

んしていたのかもしれません。何だかもったいないと思いませんか？

これからは数字を扱うときに、ちょっとだけ考える習慣を持ってみてはどうでしょうか。

「今必要な数字って何だろう？」あるいは「今必要な計算って何だろう？」と。

「とにかく計算したほうがいい」という思い込みを捨て、どの数字を使うべきか、まずはそれを考える！

5 数字センスがある人の特徴④「おかしい」と気づける

数字センスのある人が使っているワザ。続いては、こんなクイズを通じてお伝えしようと思います。私が某企業の管理職研修で、実際に出したクイズです。

考えてみよう！

ある仕事がある。
その仕事は、部下の前田さんにお願いすると2時間で終わる。
その仕事は、部下の大島さんにお願いすると4時間で終わる。
では、前田さんと大島さんに一緒にやらせたら、理論上何時間何分で終わる？

さて、あなたの答えはどうなりましたか？

実はこのクイズ、管理職のビジネスパーソンが10人いたら、2人から3人は次のように答えます。

よくしてしまいがちな考え方

2人一緒にやるんだから……　2＋4＝6
2人で仕事を分け合うんだから……　6÷2＝3
つまり、3時間で終わる。

この3時間という答え、なんだか違和感がありませんか？　この回答を見た瞬間に、「おかしい」とすぐに気づけた方は素晴らしい。ぜひ自信を持ってください。実は「おかしい」と気づけないビジネスパーソンが多数いらっしゃるのです。

どういうことか、説明しましょう。
前田さん1人で2時間かかる仕事を、2人で一緒にやって3時間かかるなんて、どう考えてもおかしいですよね。にもかかわらず、私からそのような指摘をされないと

「おかしい」と気づけない管理職の方は、さすがにちょっとマズいわけです（苦笑）。
正しい考え方は、次のようになります。

正しい考え方の例

（この考え方を持てるかがポイント！）

たとえば、この仕事の量を100とおきます。

前田さんの1時間の仕事量　100÷2＝50
大島さんの1時間の仕事量　100÷4＝25
よって前田さんと大島さんが一緒にやったときの1時間の仕事量は、50＋25＝75

1時間で75の仕事をするわけですから、
1時間：完了する時間＝75の仕事量：100の仕事量
よって、100÷75＝1.333……（時間）

つまり、約1時間20分が理論上の正解となります。

いかがでしょう。あなたの直感ともフィットする「おかしくない」結論ではないでしょうか？

ただし、このような算数の正解を出せるかどうかはあまり重要ではありません。それよりも、先ほどの3時間という数字について瞬間的に「おかしい」と気づける感覚が重要です。

なぜなら、普段の生活やビジネスシーンにおいて、計算上の正解は電卓やエクセルが教えてくれますが、**その数字が「おかしい」かどうかはあなた自身が気づかないといけないから**です。

CHECK

正しい計算ができるかどうかよりも、論理的に「おかしい」数字を見抜くほうが大切。

あなたの周囲にも、「何かこの数字おかしくない？」とすぐに気づける人はいませんか？

たとえば見積書や会議資料の桁間違いや記載ミスなどを素早く指摘できる人は、間違いなく普段から、数字というコトバで考えたり話したりしています。

ぜひ本書を読んで数字センスを身につけ、違和感を持てるようになりましょう。

ONE POINT

不自然な数字を見たときに、「おかしいな」と気づける人になりましょう。

6

数字センスがある人の特徴⑤

つねに「時間」で考える

私たちが生きていくにあたり、お金や人数など、数字で表現できる概念はたくさんあります。その中で、人間にとって最も身近な数字とは**「時間」**でしょう。

言うまでもなく、時間とはすべての人が同じように大切にしているものです。あなたが生まれた瞬間から、いいえ、生まれるずっと前から、時間はあなたの人生に大きく関係していた数字です。

数字センスのある人とは、数字と仲良く過ごしてきた人ともいえます。ならば、人間にとって最も身近で重要な数字である時間とも仲良く過ごしているはずです。

つまり、**つねに時間で物事を考えるクセがついている**ということです。

たとえば、あなたがビジネスパーソンだとして、後輩あるいは部下に仕事を頼んだとします。

あなたに何も質問することなく、ただ「頑張ります」とだけ答えるAさんと、「この仕事はいつまでに完了すればよいでしょうか?」と質問するBさんとでは、どちらが数字センスを持っている人物といえるでしょうか? どちらが仕事のデキそうな人に見えるでしょうか? 次に仕事を頼むときには、どちらに頼もうと思うでしょうか?

● Aさん 「頑張ります」
↓時間で物事を考えるクセがついていない

● Bさん 「この仕事はいつまでに完了すればよいでしょうか?」
↓時間で物事を考えるクセがついている

私は研修などの場でこれまで2万人以上のビジネスパーソンとお会いしてきましたが、仕事で成果を出している人たちは例外なく時間に敏感です。

研修の開始時刻、演習の所要時間、自分が発言するときの所要時間……など、とにかく時間に敏感です。ですから遅刻もしませんし、私が演習をスタートさせようとすると、率先して「どれくらいの時間がもらえますか?」と尋ねてきますし、自分が発言する際も「1分ほどお時間をください」などとおっしゃいます。

裏を返せば、仕事で成果が出ていない人ほど遅刻したり、所要時間という発想に乏しかったり、要領を得ない長い話をいつまでもしたりしています。

もしあなたが本当に数字センスを手にしたいと思うなら、まずは**最も身近な数字である時間と仲良くなることが重要**です。そこで、ひとつ練習をしてみましょう。

考えてみよう!

「スキマ時間」ってどれくらいの時間?

数字センスのない人はつい「ちょっとした時間」や「手が空いたとき(暇なとき)」などと答えてしまいます。しかし数字センスのある人なら、これを具体的な数字に置き換えます。たとえば、**「スキマ時間＝1分間」**としてみます。

さらに数字センスのある人は、この1分間の意味を数字で考えていきます。少しばかり現実的ではない設定ですが、仮にあなたには1日にスキマ時間が1分間しかないとします。では、年間でどれくらいのスキマ時間があることになるでしょうか？

1（分間）×365（日）＝365（分間）≒6（時間）

では6時間あれば、何ができるでしょうか？

東京から大阪に移動し、大きな商談をバッチリまとめ、自信を深めて東京に戻ってくることも可能でしょう。人と人が出会い、距離を縮め、恋に落ちるまでにはトータル6時間もあれば十分かもしれません。鉄棒の逆上がりができなかった子どもができるようになるにも、十分過ぎる時間でしょう。つまり、人が一人変わるには十分過ぎる時間だということです。

スキマ時間を、「手が空いたとき（暇なとき）」ではなく、「6時間」と認識できるようになると、そのほか様々なものを具体的な数字でとらえることができるようになります。

数字と仲良くなることで、何となく行っていた行動の質も変わり、時間もコントロールすることができるのです。

あなたの理想は、そんな人物になることではありませんか？

ならば、まずは時間に敏感になりましょう。今すぐ、誰でも、簡単にできることです。

まずは「時間」に敏感になることから始めよう！

7 数字センスを手にする公式：数字センスの習得法＝スキマ時間×遊び

ここまで5つほど、数字センスを持っている人の具体的な特徴を挙げてきました。瞬時に金額をつかめたり、資料にある数字の見極めができるようになったり、おそらくあなたが目指す人物像に近いものが表現されていたのではないでしょうか。

数字センス抜群の人物に近づくためには、本書で提案する正しい習得法を実践していただく必要があります。

その正しい習得法は、次の1行で表すことができます。これは、CHAPTER 1の結論であり、CHAPTER 2以降のコンセプトとなる重要な1行です。

「スキマ時間（1分間）で遊ぶ」

私たちは、1日のうちほとんどの時間は〝しなければならないこと〟があります。仕事、家事、食事、習い事、睡眠など。そんな中で自分を高めていく、あるいは何かを継続して行い、苦手なものを克服していくための方法は何か。どう考えても結論は、**スキマ時間をうまく使うこと**以外にありません。

前項で**「スキマ時間＝1分間」**という定義をしたので、これをそのまま採用することにします。

実は、私たちは普段、1分間程度のスキマ時間で自己を高めるトレーニングを頻繁にしています。

たとえば英会話。リスニングのためにイヤホンで1分間聴けば、どれだけのフレーズを耳に入れることができるでしょうか？　たとえあなたに英語に対する強い苦手意識があったとしても、1分も聴き続けられないなんてことはおそらくないはずです。そして、その1分間ですべての英会話を自分のものにできなかったとしても、何か記憶に残ったフレーズがあれば、それがその1分間の成果です。

私は外出先でエレベーターと階段の選択肢があったら、できるだけ階段を選びます。なぜなら、運動不足の解消や筋力を落とさないために、ちょっとしたトレーニングをしたいからです。

ですが、これがもし5分間ものぼり続けなければならない階段なら、さすがにエスカレーターやエレベーターを選ぶでしょう。1分間くらいの時間でのぼれるからこそ、階段を選ぶのです。

人は5分間も不慣れなことをすると苦痛を感じます。けれど、1分間ならどうにかできます。これが、私が1分間にこだわる根拠です。

では、その1分間であなたは何をすればいいのか。その答えが**「遊び」**です。

あなたの記憶を少し遡(さかのぼ)ってみてください。子どもの頃、「勉強」と「遊び」のどちらが楽しかったでしょうか?

おそらくほとんどの方が「遊び」と答えるのではないでしょうか?

ある人にとってはサッカーやドッジボールといったスポーツかもしれませんし、またある人にとってはザリガニ釣りかもしれませんし、またある人にとってはマンガを読むことが遊びだったかもしれません。

いずれにしても、私たちにとって遊ぶことは楽しかったはずです。そして**遊んだ結果、気づけば自然に身についていたことや学べたことがたくさんあった**はずです。

逆に「勉強」と答えたあなたは、本当に素晴らしいと思います。あなた自身が勉強に前向きだったことはもちろんですが、きっとよい指導者に恵まれていたのでしょう。

私も算数や数学の授業（あとは体育も）は楽しかった記憶がありますが、それ以外の授業は決して楽しかったとはいえません。

特に古文・漢文や世界史の授業は、今、思い出しても少し不快になります（苦笑）。

学ぶことはあまり楽しくなかったけれども、遊ぶことは楽しかった。これは言い換えれば、学ぶことは不快だったけれど、遊ぶことは不快ではなかった、となるでしょうか。

この原則を、大人になった私たちにも当てはめます。つまり、私たち大人も**「遊び」をすることで結果的に「学び」を得る**という発想に変えてみてはどうでしょう？

あえて数学の公式のように表現すると、こうなります。

数字センスの習得法＝スキマ時間×遊び

掛け算で表現したのは、もしあなたの「スキマ時間」がゼロなら結果もゼロであり、「遊び」の要素が欠ければ、これもまた結果はゼロだと考えるからです。この2つが組み合わさることで相乗効果を生み、最強の習得法になります。

いよいよCHAPTER 2から、数字センスを手に入れるための、誰でも1分間でできる数字を使った「遊び」をご紹介してまいります。

最後に、ひとつだけ補足があります。

CHAPTER 1の最初にお伝えしたように、**数字センスとは、「数字をコトバと**

して扱う感覚」のことです。
しかし、このセンスという概念を「生まれ持った才能」といったニュアンスでとらえている人もたくさんいます。ゆえに、そんな人はどうしても次のような疑問が心に残るのではないでしょうか。

「本当に今からでもセンスって身につくの？」

当然の疑問だと思います。
私の答えはもちろん「ＹＥＳ」です。なぜならセンスとは感覚であるとするなら、それは生まれてからの環境で備わっていくものだからです。

たとえばファッションセンス。生まれてすぐの赤ちゃんがトップスタイリストと同じコーディネートを作ることはおそらく不可能です。
しかしつねに洋服に囲まれ、パパやママがスタイリストのような仕事をし、その着こなしを毎日見てきたとしたらどうでしょう？　おそらく、特別な勉強などしなくても一定の感覚は備わっているはずです。センスとは、環境で備わるものなのです。

ならば、数字センスが備わるために必要なものもまた、環境ということになります。そして、私たちが最も簡単に用意できる環境がまさに「遊ぶためのスキマ時間」です。

そういう意味で、CHAPTER 2以降の内容は、「環境づくり」の話でもあるのです。

数字と仲良くなる環境づくりさえできれば、成功は約束されたも同然です。CHAPTER 2以降もぜひ楽しんでください。

ONE POINT

「遊び」をすることで
結果的に「学び」を得る。

「数字センス」を身につけるために必ずやってほしい３つのこと

① 大きい桁の数字を素早く正確に把握できるようになっておくこと。

たとえば
165,000,000,000　はいくつ？　➡　1,650（億）

② 「%」という数字を別の言い方で表現できるようになっておくこと。

たとえば、私たちは75%を「４人のうち３人」とも表現します。では、18.75%はどう表現できるでしょうか？
75÷18.75＝4　なので、75%の母数「4」を4倍すればよいですね。つまり、「16人のうち3人」と表現できます。

③ 「◯（数字）とおいて考えてみる」というクセをつけておくこと。

たとえば、次の内容は正しいか誤りか。

「当社は2022年が前年比110%、2023年が前年比120%の実績だった。つまり、2023年の実績は2021年の130%にあたる数字である」

正解は「誤り」です。たとえば、2021年の実績を100とすると、2023年の実績は、100×1.1×1.2＝132。よって対比130%にはなりません。この例のように、基準となる数字を、たとえば100などと置いて計算するクセをつけておくと、「%」という数字の解釈を誤らずにすみます。

CHAPTER 2

表現センスが磨かれる！
数字を使った
コトバ遊び

シェイクスピアは、
コトバ遊びを生涯やり続けた

1 まずは「表現センス」を磨く

数字とはコトバ。つまり数字とは、コミュニケーションと思考で使うもの。

すでに、あなたにお伝えした重要な主張です。

そして次に重要なことは、「コミュニケーション」と「思考」ではどちらのほうがより重要なのか、どちらのほうがセンスを身につけやすいのか、ということではないでしょうか。私の答えは、「コミュニケーション」です。ここでは「表現」という言葉に変換しましょう。

たとえば、日常で行う様々な計算やビジネス資料に書かれた数字を読み解く作業を思い浮かべてください。これらは頭を使う行為、すなわち思考をしているといえます。苦手意識を持っていたり、面倒くさいと思っていたりする人も多いのではないでしょうか。

一方で、「表現」という行為はどうでしょう？　現在の時刻を口頭で伝えたり、自分の電話番号を紙に書いたりする行為はまさに数字を使って表現することですが、ほとんどの人がストレスを感じることなく簡単にできてしまうことのはずです。

つまり、多くの人にとって数字というコトバを簡単に扱えるのは「表現」をする場面であるということです。ならばこのCHAPTER 2ではまずその簡単な「表現」からスタートし、表現センスを磨くために数字と楽しく戯れて（たわむ）いただきたいと思っています。

CHECK

人間は「思考」よりも「表現」のほうがストレスなくできるというイメージを持っている。

実は、かつて私たちはコトバというものを表現するツールとしてとらえ、遊びを通じてそのセンスを磨くことをしていました。

たとえば子どもの頃、**「あいうえお作文」**をやったことはありませんか？

頭文字「あ」から始まるコトバをつないで、最後は「お」から始まるコトバで結んで作文を考えることを「あいうえお作文」と呼びました。たとえば次のように。

あ……明るくて
い……いつもキラキラ
う……美しく
え……笑顔が素敵な
お……お母さん

あるいは、歴史上の年号を覚えるコトバ遊びもありました。

794……泣くよウグイス、平安京

1582……いちごパンツで、本能寺

これは内容は多少違っても、ほとんどの人が大人になった今でも覚えている楽しい語呂合わせです。そして、時代が変わっても、誰もがこのようにして歴史上の出来事を認識しようとしています。この語呂合わせも遊びのようなものです。

このCHAPTER 2であなたに提案するのは、まさにこのようなカジュアルなコトバ遊びです。かつて楽しみながら行ったコトバ遊びを、ぜひ数字を使ってやってみてほしいのです。

ONE POINT

数字を使った表現センスは遊びの中で磨かれる。

2 コトバ遊び①
「カウントダウンスピーチ」のススメ

前項ではコトバ遊びの例として「あいうえお作文」を挙げました。いってしまえば、子どもがする遊びのようなものです。

今から、これと本質がまったく同じ遊びを提案します。私が「カウントダウンスピーチ」と命名する、1分でできるオリジナルのコトバ遊びです。ぜひ、あなたもチャレンジしてみてください。

考えてみよう！

【カウントダウンスピーチ】

次の「　」の中に、あなたの個性や強みを入れて、自己紹介文を完成させてください。ただし、「　」の中にはそれぞれ必ず3から0までの数字を使うこと。

そして実際にスピーチしてみましょう。

3……「　　　　　　　　　　　　　　　　」
2……「　　　　　　　　　　　　　　　　」
1……「　　　　　　　　　　　　　　　　」
0……「　　　　　　　　　　　　　　　　」

実際、私は企業研修などの冒頭で自己紹介をする際に、このカウントダウンスピーチを披露することがあります。おそらく、こんなスピーチから研修を始めるコンサルタントは日本で私だけだと思います（笑）。例としてご紹介しましょう。

スピーチ例

今から、カウントダウン形式で自己紹介させていただきます。
ビジネス数学教育家、深沢真太郎です。

3…「私の提唱するビジネス数学は、合理的、定量的、美的、の3つを大切にした教育テーマです」

2…「2位ではダメだという価値観で生きています」

1…「第一人者と呼ばれることに感謝し、今日もここに立っています」

0…「〝数字が苦手〟な人を0にすることが、私の使命です」

本日はよろしくお願いいたします。

もちろん、実際に自己紹介でわざわざ数字を使う必要はありません。でもあえて数字を使ってみることでこのように風変わりな、でも具体的かつシンプルな自己紹介が完成します。

ちなみになぜカウントダウン形式なのかというと、そのほうがエンターテインメント性があって楽しめるからです（笑）。

つまり、このカウントダウンスピーチは、**数字で表現することの便利さと面白さを誰でも体感できる遊び**なのです。この遊びに慣れてくると、数字で表現しようとする"クセ"もついてきます。楽しく「数字」と付き合えるのですから、やってみない手はありません。

実際、カウントダウンスピーチを企業研修で参加者の皆さんにやっていただくことがありますが、不思議なものです。いつもと違った自己紹介を自らカウントダウンしながらしゃべる皆さんの表情は、照れながらもとても楽しそう。一瞬で数字と仲良く戯れてくれます。「苦手な数字の研修」に参加している方々とは、とても思えません。

あなたも実際にスピーチの内容を考え、そして客先での自己紹介や飲み会での自己紹介などで使ってみてください。楽しいことが重要ですから、最高の笑顔もお忘れなく。強烈なインパクトとともに、あなたのことを100％覚えてもらえる自己紹介になることをお約束しましょう。

あなたもやってみよう！

0…

1…

2…

3…

ONE POINT

遊び心のある自己紹介は、
あなたも周囲もイイ気分にさせます。

3

コトバ遊び②
数字は「探すもの」ではなく、「置き換えるもの」

次の遊びもあなたの表現センスを高めます。ぜひ1分程度で考えてみてください。

考えてみよう！

最近あった楽しかった（あるいは嬉しかった）出来事を思い出してください。そしてそのエピソードを、数字を使ってトークしてください。使う数字は何でもけっこうです。もちろんいくつ使ってもかまいません。

ポイントは「楽しかった（嬉しかった）」ことです。不快だったことを数字で表現しようとすると、きっとあなたは数字というコトバが嫌いになってしまうと思います。とにかく**イイ気分**で遊ぶことが大切です。

もしかしたら、「そんなこと言われても思い浮かばない」とおっしゃる方もいるかもしれません。

でも、そんなことはないはずです。何げない瞬間にイイ気分になれたことはきっとあるはず。それでも思い浮かばないとしたら、それはあなたが「数字を使って話さないといけない」と思っているからかもしれません。つまり、**すでに数値化されていることを探さないといけないと**思い込んでいるということです。

「そんなこと言ったってトークの条件に〝数字を使え〟とあるじゃないか！」

そう思われるかもしれませんが、ちょっと待ってください。実はこの遊びのポイントはそこではありません。

たとえば、いったん「数字を使って話さないといけない」という条件を忘れてみましょう。あらためて、楽しかった（あるいは嬉しかった）出来事を思い出してみてください。

- おいしいごはんを食べた
- スパで日頃の疲れをとってリラックスできた
- 素敵な異性と素敵なレストランで過ごした
- 子どもの笑顔に癒やされた……etc.

ほら、いくらでも挙げることができるのではありませんか？　つまり、次のように考えてみてはどうでしょうか？

CHECK

すでに数値化されているものを探すのではなく、まだ数値化されていないものを数字を使って表現する。

具体例を挙げましょう。先ほどの4つの例をそのまま使います。

- おいしいごはんを食べた
- スパで日頃の疲れをとってリラックスできた

- 素敵な恋人と素敵なレストランで過ごした
- 子どもの笑顔に癒やされた

⬅

- この1カ月で一番「おいしい」と感じる食事だった。満足度100%！
- この1週間とても忙しかったけど、スパでの3時間のリラックスタイムで復活！
- 2時間の食事が10分に思えるほど、恋人との時間はあっという間だった……
- 子どもの笑顔を1日に1回は見たいな

厳密さを求めず、とにかく数字で表現してみるのです。このような発想を持つことで、「数字を使ったトーク」は、あっという間に作ることができます。たとえば私なら、次のようなトークをするかもしれません。

深沢が最近楽しかったこと

高校時代の友人と久しぶりに再会し、昼からお酒を飲んで楽しんだこと。

ご覧の通り、数字はひとつも入っていません。もちろん、このままでも人には十分伝わるでしょう。しかしここで、数字を使って表現できる部分は（無理やりにでも）数値化してみるのです。

高校時代の友人 ⬇ 自分を含めて4人
久しぶりの再会 ⬇ 3年ぶり
昼から ⬇ 午前11時30分
お酒を飲んで楽しんだ ⬇ 1人あたりビールを軽く3杯ずつ

結果、私のトーク内容はこうなります。

「先日、高校時代の友人3人と3年ぶりの再会を果たしました。午前11時30分に集合し、一人あたりビールを軽く3杯ずつは飲んでしまいました。話も盛り上がってみんなイイ気分。話に夢中で気づいたら午後5時。また3年後に再会しようと約束して別れました。学生時代の仲間って、やっぱりイイものですね」

内容が具体的になり、その場の楽しいシーンが浮かぶような内容になったのではないでしょうか？　何より、とても楽しい出来事がテーマだったので私も考えていて楽しかったです。当然ですが、数字というコトバに対してネガティブな印象を持つこともありません。

私たちは数字を使うということを、難しく考えすぎてはいないでしょうか。でも、決して難しいものではありません。ここでご紹介したように考え、イイ気分になれることを想像し、頭の中で数字を作り、その数字を口に出すだけです。できない人などいません。

× すでに数値化されているものを探す。

⬅

○ 数値化されていないものでOK。あとでそれを数字でざっくり表現する。

では最後に、もう1テーマご用意させていただきます。ぜひイイ気分で、数字を使ったトークを考えてみてください。

考えてみよう！

あなたの好きな著名人（俳優、タレント、アーティストetc.）の魅力を、数字を使って思う存分に語ってください。

いかがですか？　こういうテーマならいくらでも数字を使って表現できることにお気づきになったでしょう。これこそまさに、遊びの効果なのです。

ONE POINT

数値化されていないものを、
数字に置き換えることで、内容が具体的になる。

4 コトバ遊び③

ベストセラー本のタイトルも、「数字遊び」!?

私は自らを「ビジネス数学教育家」と名乗っているため、とても難しい数学的思考についてトレーニングする人なのだろうと思われがちです。

しかし、実際はこれまでご紹介したような簡単なエクササイズを使ってビジネスパーソンの感覚や思考をトレーニングしていることがほとんどです。最初は困惑されることもありますが（笑）、徐々に私の提案する遊びの意図が伝わっていきます。

「数字で表現できることって、意外とたくさんあるな」

「数字で表現したほうが、より具体的に伝わるな」

「算数や数学は苦手だったけれど、不思議と数字で話すのは苦ではないな」

「数字とはコトバである。ふむふむ、なるほどな」

「たしかに大人になると、数字ってこういう使い方をするよな」

もしあなたも何となくそう感じていただけているとしたら、「数字が苦手」から卒業するための貴重な一歩を踏み出せたということです。

また、このコトバ遊びで得られるものは単に「数字に対する苦手意識の克服」だけではありません。日々のコミュニケーションで役立つ**「表現力」も鍛えることができるのです。**

なぜなら、このコトバ遊びを繰り返すことで、「別の表現に換えられないかな」「もっと伝わる表現にならないかな」と考えることになるからです。

実例を挙げましょう。たとえば、こんなビジネス書のタイトルがあったとします。

『ほとんどの人がしていない、ちょっとした仕事のコツ』

魅力的ですね。しかしここであえて「数字を使ってトーク」のエッセンスを注入してみましょう。つまりこういうことです。

CHECK

数字になっていないものを、数値化する。
ほかの数字にも置き換えられないか、考える。

実際にやってみましょう。たとえば、このような表現が考えられるかもしれません。

『9割の人がしていない、1分間でできる仕事のコツ』

ほかの表現がないか、あなたも考えてみてください。実は、かつて大ベストセラーになったあるビジネス書のタイトルに、このようなものがありました。

『99％の人がしていない　たった1％の仕事のコツ』
（河野英太郎／ディスカヴァー・トゥエンティワン）

私は「うまい表現をするな」と感心したものですが、いかがでしょうか。

加えて、私が体験した出来事もひとつご紹介しておきましょう。私が登壇したあるセミナーに、片づけのコンサルタントさんが参加していました。その方は次のようなことで悩んでいました。

お客様に年配の女性がいるんだけれど、何度も〝少しでもいいからいらないものを捨てて！〟と言っているのに一向に捨ててくれないのです。もしかしたら数字を使って伝えればいいのかもと思い、〝いらないものの1割でいいから捨てて！〟と伝えてみたんだけれど、結果は変わらず。いったいどう伝えたら……。

この相談を受けた私は、すぐにピンときました。おそらく、この年配の女性には「1割」という数字が伝わっていないと。

そもそも捨てる意思がなければどう伝えてもダメですが、もしその意思はあるとするならば、ピンとくるように表現してあげれば納得して動けるはずです。

そこで私は、その「1割」を別の表現（もちろん数字を入れて）にしてみましょうとアドバイスしました。私も一緒になって考えた結果、

「この段ボール1箱分のモノを捨ててください」

という表現に換えて伝えてみるということで、一件落着。翌週、この方は実際にこのお客様にそう伝えてみたそうです。その結果は……。これまで何度言っても捨ててくれなかったそのお客様が見事に不要なものを段ボールに入れ始めたのだそうです！

これが、数字で表現することの面白さです。

よくビタミンCはレモン◯個分と表現されますし、広い面積は東京ドーム◯個分と表現されます。

でも、ちょっと考えてみてください。東京ドーム◯個分が本当に伝わりやすい表現かどうかは、人によりますよね。野球が好きな人ならよくても、ゴルフが好きな人になら、ゴルフ場のグリーンの広さを単位にして数字で伝えたほうがピンとくるかもし

れません。

数字になっていないものを、数値化する。
ほかの数字にも置き換えられないか、考える。

こういうクセがつくと、いざ日常生活でコミュニケーションをするときにも「伝え上手な数字」が口から出てくるようになるでしょう。
ぜひ普段から、**「もっと伝わる数字がないかな？」**と考えるクセをつけてみましょう。
10分も20分も考える必要はありません。スキマ時間、つまり1分くらいで十分です。

ONE POINT

「もっとうまく表現できる数字はないかな？」と考えるクセをつけよう。

5 コトバ遊び④
基準を数字で表現すると、その周囲もすべて数字で表現できる

この項では、日常生活でよく使う〝あの表現〟を例にコトバ遊びをしてみます。

「どれくらい？」

日常生活でもビジネスシーンでも、「どれくらい？」と尋ねる、あるいは尋ねられる場面はたくさんあるでしょう。
たとえばランチを食べようと向かったお店が満席だったら、あなたは店員さんに「どれくらい待ちますか？」と尋ねますよね。
ビジネスでも、来期の売上目標は今期よりも上がりそうだと聞けば、「具体的にどれくらい？」と思うはずです。

お伝えしたいのは、私たちのコミュニケーションにおいて**「どれくらい？」には数字で答える必要があるということです。**

ところが、世の中には数字で答えにくい「どれくらい？」も存在します。たとえば次のような概念です。

- **仕事に対するモチベーション**
- **お腹がすいている状態**
- **頑張ります**
- **大好き**

ここでは「お腹がすいている状態」をピックアップしましょう。子どもの頃、親に「お腹がすいた」と言うと、「どれくらいすいているの？」と尋ねられたものです。

親としては、用意する食事の量を把握したかったのでしょう。おそらく私は「すごく」「けっこう」「ちょっと」と答えていたと思います。今思えば、数字センスのない返事だったと反省しています。

では、いったいどうすればこのような概念も楽しく数字で表現できるようになるか。ひとつ重要な視点をお伝えします。それは、数字というコトバの持つ極めて重要な性質でもあります。すなわち、**何かを数字に置き換えると、その周辺のことも自動的に数字で表現できる**ということです。

たとえば「自宅から近いところに最寄り駅がある」という表現があったとします。この「近い」はまさに数字に置き換えると「どれくらい？」です。

そこで、徒歩5分という数字で置き換えてみます。すると、自宅から駅のちょうど中間地点にあるコンビニまではだいたい2・5分という数字で表せますし、駅のすぐそばにある郵便局までは4分という数字で表せます。

つまり、数字というコトバが持つこの性質をうまく使えば、あなたは何かを表現する際にいくらでも数字を使って表現することができ、それによりわかりやすく相手に伝えることが可能になるのです。

たとえば、先ほどの「お腹がすいている状態」について。「満腹」を数字で表現できれば、「ほぼ満腹」「まだちょっと食べられる」「お腹がすいている」という状態もほとんど自動的に数字で表現できるのではないでしょうか。

実際、満腹＝１００と表現してみると、それ以外の状態はほとんど自動的に数字が決まります。

ほぼ満腹＝90
ちょっと物足りないかも＝50
お腹がすいている＝10

といった具合です。

数字には大小があります。そして、その差を具体的に表現できる言葉です。だからこそ、何かひとつでも数字に置き換えてしまえば、その周辺のものもすべて数字で表現できるようになるのです。また数字で表すことによって、どれくらいお腹がすいているのかが相手にも正確に伝わります。

このエッセンスを体験する意味で、あなたにひとつエクササイズを提案しておきます。ぜひ1分程度で、考えてみてください。

考えてみよう！

最近あなたが頑張ったことを思い出してください。
それはどれくらい頑張ったのか、数字で表現できますか？

ぜひ、先ほどの「満腹」の例も参考にして、数値化にチャレンジしてみてください。

では、ここからさらに楽しいコトバ遊びを体験していただきましょう。

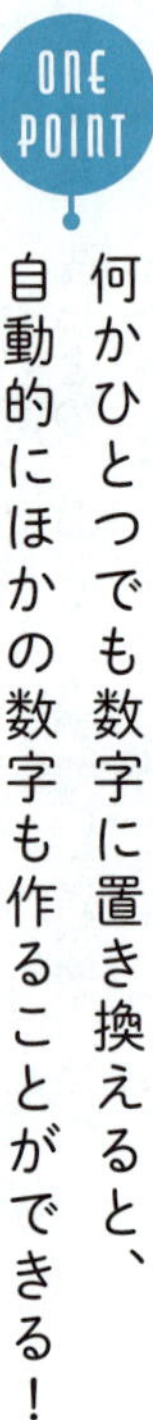

6

コトバ遊び⑤「ワタシのこと、どれくらい好き？」に数字で答える

さっそくですが、こんなテーマを考えてみました。ぜひ1分間考えてみてください。

考えてみよう！


あなたの愛するパートナー、または〝推し〟から、次のような甘い言葉をささやかれたとしましょう。

「ワタシ（ボク）のこと、どれくらい好き？」

その相手を満足させる〝粋な答え〟をお願いします。

ただし、その答えの中には必ず数字を入れて

ください。

だいぶカジュアルな内容のエクササイズですね。誤解のないように申し上げておきますが、私は決してふざけているわけではありません。これは、まだ数字に対して苦手意識のあるあなたを変えるための重要なエッセンスが詰まった遊びです。

実際にこんな質問をする人がいるかはさておき、仮に尋ねられたとしたら……あなたにとって腕の見せ所（？）であることは確かです。

「メッチャ好き！」
「最高に愛しているぜ！」
「これまで付き合ってきた人の中で、一番愛しています！」

考えられる答えとしては、こんなところでしょうか。しかし、本書をここまでお読みくださったあなたなら、ぜひ遊び感覚で数字を使った表現方法を考えてみてください。実際、「どれくらい？」と尋ねられているわけですから、なるべく具体的に数字で答えたいところです。

基本的なエッセンスはこれまでと同じですから、ポイントは……

数値化されていないものでOK！
あとから、それを数字で表現する。

でしたね。ということは、何はともあれまずは伝えたいことを決めないといけません。次に、それをうまく数字に置き換えることを考えます。

とにかく相手に伝えたいのは、「とても愛している」ということ。そして、月日を重ねてもその愛情は減らないこと。いや、むしろその気持ちはまだこれから高まるということを伝えたいです。まとめると次のようになります。

「とても愛している」
「その愛情は、これからまだ高まる」

あとはこれを多少強引にでも数字で表現するのですが、ここで先ほどの視点を思い出してください。

何かを数字に置き換えると、その周辺のことも自動的に数字で表現できる。

この視点を活用するならば、たとえば「これ以上愛せない状態（史上最高に愛している状態）」を１００という数字に置き換えてみると、先ほどの２つの表現は次のように表現することができそうです。

「今、とても愛している」
「その愛情は、これからまだ増える」

「今の愛情は80である」
「その愛情はこれから最大で20高まっていく」

ということで、私なら次のようなフレーズを返してみるかもしれません。

「これ以上愛せない状態を100としたら、今は80かな。なぜ100じゃないのかって？　この愛情は減ることなく、むしろこれからもっと高まっていくってことだよ」

相手の胸をときめかせるフレーズとしては、まだまだといったところでしょうか（苦笑）。よろしければお友達どうしの雑談や飲み会のネタなどでお使いいただき、私の答えよりもずっと粋な表現を作ってください。

ONE POINT

「どれくらい？」には、徹底的に数字で答えよう。

7

コトバ遊び⑥
「そこそこのイケメン」を数字で表現せよ

まだまだ「数字」で遊んでいきましょう。続いてはこんなテーマでいかがでしょうか？　ぜひ1分間、考えてみてください。

考えてみよう！

「そこそこのイケメン（あるいは美人）」を数字で表現してください。

誤解のないように先にお伝えしておきますが、人の容姿についての印象はそれぞれの主観によるものです。本来それは数値化して評価するものではなく、特定の誰かを考えてのものでもありません。ここではあくまで表現することのトレーニングとして題材にしていることを、ご了承ください。

おそらく、あなたはこの「そこそこ」という表現に注目するでしょう。これはビジネスでもプライベートでもつい使ってしまうもののひとつではないでしょうか？

このエクササイズをビジネスパーソンが集まるセミナーなどでやっていただくと、まず参加者の口から出てくる表現が「中の上」とか「上の下」といったもの。もちろん意図はわかるのですが、数字を使って表現していないので、「もうちょっと伝わる表現に」と再考を促します。

さて、あなたならどう考えて、数字を使った表現に換えるでしょうか？　もしかしたら、あなたは先ほどの「どのくらい好き？」のテーマでご紹介したエッセンスを使おうとするかもしれませんね。

「世界No.1のイケメン（あるいは美人）を100とするなら、55くらいの人」

実際、このような表現を考えてくれたビジネスパーソンがいて、セミナーの現場は笑いに包まれました。

ほかにも、本書でここまでお伝えしてきたエッセンスを使えば、きっと別の表現の仕方も考えられるのではないでしょうか。ビジネスに正解がないように、コミュニケーションや伝え方にも正解はありません。

たとえば、ビジネス書のタイトルの話を思い出してみてください。

「ほとんどの人」を「99％の人」と表現していましたね。これを真似てみると、こんな表現もあるかもしれません。

「15％、つまり100人に尋ねたら15人くらいが〝イケメン（あるいは美人）だと思う〟人」

少し、数学的な要素も加えてみましょう。

学生時代に馴染み深かったコトバ、それが「**偏差値**」です。数学的理論に基づいて学力を相対評価し、全体の中でだいたいどのくらいの位置にあるのかを教えてくれる数字でした。不思議なもので、この「偏差値」という数字にはほとんどの人が共通のイメージを持っています。

ならば、この「偏差値」という数字を使って「そこそこのイケメン（美人）」をたとえることも可能でしょう。

「いわゆる偏差値でいえば70まではいかないけれど、普通よりはイイ。つまり、60くらいのイメージです」

ちなみに数学的に言うと、偏差値60以上の人は、成績順に上から並べると上位15〜16％以内に位置する人であるという事実があります（※正規分布＝グラフ化したときに釣鐘型（つりがねがた）になる分布であることが前提）。

換言すれば、6人に1人くらいの割合で存在する人物ということにもなります。「そこそこのイケメン」は、このようにも表現できそうです。

「偏差値」という数字と あなたのイメージ

偏差値70

すごくデキる

偏差値60

そこそこデキる

偏差値50

普通

偏差値40

ちょっとヤバい

偏差値30

かなりヤバい

共通認識できる数字を 使うのもひとつの“手”

「イメージとしては、6人に1人。たとえば飲食店で6名の男性グループが食事をしているとしたら、その中で一番イケメンな人」

いかがでしょう？　一見ふざけているように見えるコトバ遊びでしたが、数字を使った表現を考えることは、あなたの表現の幅を広げることはもちろん、量になっていないものを量でとらえる考え方まで身につきます。

そしてそのときの遊ぶテーマは、少しふざけているくらいのカジュアルなものがちょうどいいでしょう。繰り返しになりますが、あなたが楽しいと思えることが重要だからです。

CHECK

コミュニケーションや伝え方に〝正解〟はない。「ほとんど」も「そこそこ」も、遊び感覚で数値化できる。

そろそろCHAPTER 2も終わりに近づいてきました。

ここまでいくつかのコトバ遊びをしてきましたが、どれもスキマ時間（1分間）があれば楽しめるものでした。

実際にやってみて、あなたの「数字」に対する感情はどうなったでしょうか？

少なくとも、パソコンで大量のデータを眺めているときや、細かくて煩（わずら）わしいお金の計算をしているときに感じる数字への嫌悪は感じなかったのではないでしょうか。

あなたの日常に「数字の入った表現」が増えてきたら、ファーストステップは完了です。

数字の表現に絶対の正解はない。
その自由度を「楽しい」と思えたら勝ち！

「数字センス」を身につけるために必ずやってほしい３つのこと

① 「ちゃんとやります」はつねに数字で表現すること。

あなたの「ちゃんとやる」を数字で表現してみてください。
たとえば、明日の仕事を「ちゃんとやる」とはどういうことでしょうか？　具体的な数字で表現しましょう。

例

「明日は案件Aについて集中的に取り組む。最悪でも全工程の90％までの進捗をさせておき、明後日は１時間で全工程を完了させる。明日の残業は１時間以内を死守。必ず19時までには退社する」

② 伝わりやすく変換するクセをつけること。

伝わりやすい表現に言い換える柔らかさを持ちましょう。
たとえば、ある年のがん罹患（新たにがんと診断されること）者数がおよそ865,000人。この数字が「とても多い」と思ってもらえるよう変換するとしたら？　簡単な計算をすることで、次のような表現に変換することも可能ですね。

例

「およそ36秒に１人、新たにがんと診断されている」

③ 大切な約束は、必ず数字を使ってすること。

ビジネスにしろプライベートにしろ、大切な約束は必ずはっきりと数字で表現するようにしましょう。あとになって相手やあなた自身がイヤな気分にならないように。
たとえば、次のように伝えます。

例

「なるべく早く納品してください」
➡「必ず２週間以内に納品してください」

「いくらもお支払いできませんが」
➡「些少ですが２万円でお願いできませんか？」

「いつプロポーズしてくれるの？」
➡「私はあと１年しか待てません」

CHAPTER 3

いつでも簡単にできる！「数字センス」が一気に身につく計算遊び

モーツァルトは、寝ているとき以外はつねに遊んでいた

1 計算力とは何か？今さら聞けない、四則演算（＋－×÷）のそもそも

ＣＨＡＰＴＥＲ　３では数字で考えるセンスを楽しくトレーニングします。「数字を使って考える」の代表格はやはり計算でしょう。苦手意識の強い人も多く、どうしても鍛えることを敬遠しがちなテーマです。

たとえば、あなたは今から計算ドリルなどで学習をしたいでしょうか？　おそらく「ＮＯ」と答えるはずです。

しかし日常生活のちょっとした場面で、ゲーム感覚で電卓やスマートフォンのアプリを使ってサッと計算することはいかがでしょう？　それならできるかもと思える人も多いはずです。

このＣＨＡＰＴＥＲ　３では、そんなあなたにピッタリの計算遊びをご紹介したい

と思います。

ただ、そのために少しだけ準備が必要になります。計算をするときに必要となる4つの行為、すなわち四則演算（＋－×÷＝加減乗除）のことをあらためて正しく知ることです。

なぜ今さら四則演算の説明などする必要があるのか、疑問に感じた方もいるかもしれません。では試しに、次の質問に対してあなたはどう答えるでしょうか？

考えてみよう！

Q1 足し算とは、何をするときに使うものでしょう？
Q2 引き算とは、何をするときに使うものでしょう？
Q3 掛け算とは、何をするときに使うものでしょう？
Q4 割り算とは、何をするときに使うものでしょう？

誤解してほしくないのですが、私は決してあなたをバカにしているわけではありません。これは、四則演算の本質を正しく理解するために極めて重要な質問なのです。

この質問に対する答えについて、ひとつ実例を挙げましょう。

次の会話は、ある30代のビジネスパーソン（男性）と私との間で実際にあったものです。この男性を仮に佐藤さんとしておきましょう。

深沢「ところで佐藤さん、足し算とは、何をするときに使うものでしょう？」
佐藤「え？」
深沢「ごめんなさい。ヘンな質問で。たとえば小学生に教えるとしたら、どう教えますか？」
佐藤「え？　……数を足すときに使うもの、かな」
深沢「……なるほど。では、引き算とは何をするときに使うものでしょう？」
佐藤「……引くときに使う、じゃダメなんですかね？」

この佐藤さんの答えが「答え」になっていないことに、お気づきでしょうか？

私たちが当たり前のように使っている四則演算、そもそもどういう意味があって、それぞれどういう役割があるものなのか、あなたは正しく認識できているでしょうか？
結論を急ぐことにしましょう。先ほどの4つの質問に対する私の答え（ここではAと表記します）は、次の通りです。

A1　足し算とは、まとめるときに使うもの
A2　引き算とは、比べるときに使うもの
A3　掛け算とは、効率よくまとめるときに使うもの
A4　割り算とは、質を測るときに使うもの

説明が必要かもしれませんね。たとえば2人から100円ずつ徴収してまとめたらいくらになるかを計算したいとき、私たちは足し算をします。

100＋100＝200（円）

300円と200円を比べてどちらがどれだけ大きいかを知りたいとき、私たちは引き算をします。

３００－２００＝１００（円）

10人から１００円ずつ徴収してまとめたらいくらになるかを計算したいとき、効率よく簡単に結論を知るために、私たちは掛け算をします。

１００×10＝１０００（円）

３時間で３０００円稼げるアルバイトAと、２時間で３０００円稼げるアルバイトB、どちらがいいアルバイトかを考えるとき、おそらく私たちは割り算をし、Bのほうを質が高いと評価するでしょう。

アルバイトAの時給＝３０００÷３＝１０００（円）

アルバイトBの時給＝３０００÷２＝１５００（円）

これが、「何をするときに○○算を使うのか」の答えです。何げなくしている4種類の計算にも、実はそれぞれ明確な役割があるのです。

おそらくあなたはこれから先の人生において、計算というものは電卓やスマートフォンのアプリを使って行うでしょう。だからこそ、いわゆる計算力と呼ばれるものは**「自分は何を把握したいのかを明確にし、そのために必要な四則演算が何かを判断する能力」**と解釈するほうが現実の世界に即しているのではないでしょうか。

今あなたはまとめたいのか、比べたいのか、効率よくまとめたいのか、質を測りたいのか。それを瞬時に判断することが、計算に求められることなのです。

それでは次項より、私がスキマ時間にしている計算遊びをご紹介してまいります。

どうか引き続き、「Ｅｎｊｏｙ！」でお願いしますね。

ONE POINT

四則演算（＋－×÷）の役割を正しく理解しよう。

2

計算遊び①
国語の問題と同じ！ イイ気分でできる計算遊び

唐突ですが、ここで国語の問題をひとつ。

問題

次の4つのコトバを並べ替えて、正しい文章にしなさい。

①NiziU（ニジュー）の　②ファンです　③私の妻は　④アイドルグループである

正解はこうなります。

私の妻はアイドルグループであるNiziU（ニジュー）のファンです。（③⬇④⬇

①⬇②）。

前述の通り、数字とはコトバです。ならば先ほどの国語の問題と同じように、数字においても「並べ替え、組み合わせることによって意味づけをする」ことができるのではないでしょうか。実はここでの矢印（⬇）にあたるものが「計算」です。

今、本書を執筆している私の手元に電子マネーをチャージした際に受け取った領収書が1枚あります。

私は電子マネーに限らず、何かを購入したときには必ず領収書を発行してもらい、持ち帰るようにしています。

その理由は、スキマ時間に計算遊びができる玩具（オモチャ）になるからです。その領収書の最下部にはこのような伝票番号が記載されています。

たとえばこの数字を使って、スキマ時間に次のようなことをして遊ぶのです。

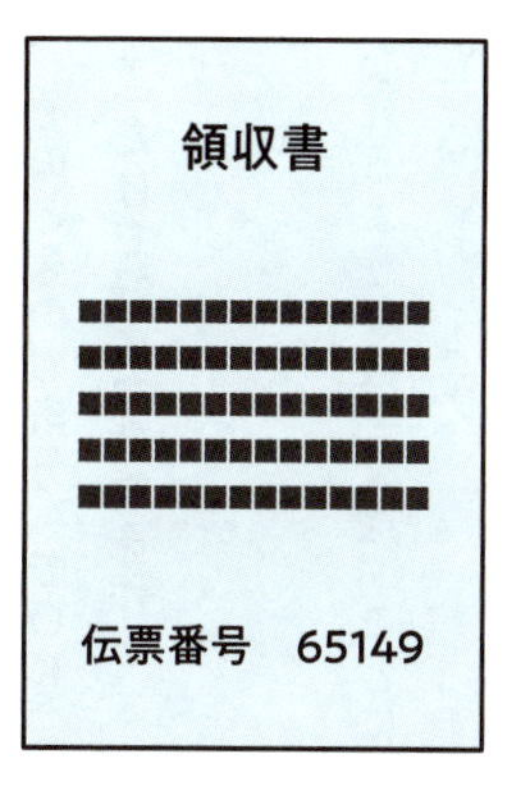

1　好きな数字（1桁）をひとつ決める。決め方は、そのときの〝気分〟でOK。

2　伝票番号の数字をすべて使い、四則演算（＋－×÷）だけで好きな数字を作る。

実際にやってみましょう。

できるだけ自分がイヤな気分ではなく、イイ気分になれるような数字を選ぶことにします。今回は私の誕生月である9月にちなんで、「9」にしましょう。

今年の誕生日はどうやって過ごすか、少しだけ思いを馳せます。おいしいディナーをいただいている姿が思い浮かび、今、私はイイ気分です。では、実際に計算遊びをしてみましょう。

伝票番号にある65149をすべて1回ずつ使って、何とか「9」を作れないかと考えてみます。すでに5つの数字の中に「9」がありますので、それ以外の4つの数字で「0」が作れないかと考えます。もしそれができれば、9＋0＝9という計算で「9」を作ることができるからです。

組み合わせを考えてみると、「6」と「5」と「1」を使えば「0」という数字を作ることができます。

6－5－1＝0

したがって5つの数字すべてを使い、次のような計算をすることで見事に「9」を作ることができます。

9＋（6－5－1）×4＝9＋0×4＝9＋0＝9

時間があれば、さらに別のテーマに変えて考えてみましょう。

サッカーが好きな私は、エースナンバーである「10」をテーマにすることにします。一度でいいから、背番号「10」をつけたかったなと思いを馳せると、好きなサッカーのことを想像しているので、楽しく考えられます。

ここでは、ちょっとアプローチを変えて、先ほどは使わなかった割り算を使う方法

1.5 を使って「10」を作る

(9 ÷ 6 × 4 + 5) − 1 =
11 − 1 = 10

はないかと考えてみます。

たとえば9÷6を計算すると1・5です。この1・5を使って、「10」を作れないかと思考を進めます。


上の図のように見事に背番号「10」を作ることができました。

実はこのような計算遊びをご紹介すると、かつて子どもの頃にやったことがあるとおっしゃる方が少なくありません。


まだ電子マネーがなかった頃は電車の切符で、ドライブに出かけたときは前を走っている車のナンバープレートで、似たような計算遊びをした経験があると。

不思議なもので、数字に苦手意識がなく、むしろ好きとおっしゃる方はみんな子どもの頃にこのような計算遊びを誰に強制されるわけでもなく楽しんでいたようです。

CHECK

数字に苦手意識がない人は、たいてい子どもの頃に計算遊びで数字と戯れてきた経験がある。

つまり数字で考える力がある人の共通点は、人生のどこかで楽しく計算遊びをした経験を持っているということです。言い換えれば、数字で考える力を鍛えるアプローチは大人も子どもも同じということ。

ビジネス数学教育家である私も、スキマ時間の習慣にしている計算遊び。

あなたも、まずはここから始めてみませんか？

ONE POINT

スキマ時間に四則演算で「好きな数字」を作る習慣を。

3

計算遊び②
もらわないともったいない！レシートを使った1分間ドリル

先日、私はある飲食店で軽い食事とアルコールを楽しみました。

会計のとき、店員さんに「レシートはいりますか？」と尋ねられたので、「はい、ください！」と即答。理由は前項でご説明した通りです。

この世に数字の書かれていないレシートはありません。つまり、レシートには必ず「数字」が書かれています。これを使わない手はありません。

先ほどと同様、**ここにある数字を使ってスキマ時間に遊ぶ**のです。1分間もあれば十分でしょう。

これは、実際に私が飲食したレシートに記載されていた内容です。このレシートを使い、先ほどご説明した四則演算の役割もきちんと意識しながら、計算遊びをしてみたいと思います。たとえば次ページのように。

深沢商店
tel. 03-0000-0000

領収書

ペペロンチーノ	690 円
ドリンク＆オツマミセット	780円
赤ワイン　グラス	440 円
小計	1,910 円
消費税（10%）	191 円
合計	2,101 円
合計点数	3 点
NO.3627	1 名

レシートの数字で計算遊び

この店は割安？　割高？
１食あたりの単価はどれくらいだろう……？
2,101（円）÷３（点）≒700（円）
（質を測る）

なるほど、この店の１品の単価はだいたい600円から700円くらいかな。場所やメニューの内容からすると、ちょっと安めな気がするな……。

最近は物価高だけど、もしこの店が値上げして平均10％アップになったら、この会計はどうなるだろう……？

2,101（円）×1.1＝2,311（円）
（値上げ前の金額と値上げ額を効率よくまとめる）

2,311（円）－2,101（円）＝210（円）
（値上げ前と値上げ後の比較）

ざっと210円の増額。これってたとえば人生において購入できるミネラルウォーターが２本減るってことか。やっぱり値上げは大きいなぁ。

ついでに、レシート番号の４桁で「10」でも作ってみようかな。
3627➡
（6÷3）×（7－2）＝2×5＝10

最後に、レシート番号の４桁で「0」でも作ってみようかな。
3627➡
7－3－6＋2＝0
できた～！　イイ気分★

最初の割り算は、まさに「高い・安い」という質を測るために使っています。次の値上げの計算は、値上げ前の金額と値上げ額を効率よくまとめ、その差を明らかにする行為です。前々項でご説明した「四則演算の役割」も正しく理解でき、かつ計算の練習にもなります。

さらに申し上げるなら、レシートはあなたが「欲しいもの」を購入した証しです。欲しい何かを手に入れた、すなわちあなたが満たされた気分の状態で手にするものです。だからこそ、そのレシートをそのまま何もせずにゴミ箱に捨てるのではなく、イイ気分のときに1分間でいいので、そのレシートを玩具（オモチャ）にして遊んでみてください。

CHECK

飲食店のレシートは、計算遊びのネタの宝庫。
1分間の「レシートドリル」で気分よく計算の練習を。

あなたがイライラしているときにこんなことをしても、おそらく少しも楽しくありません。しかし好きなものを購入したとき、おいしいビールを飲んでいるとき、好きな人とデートしているときなら、1分間の計算遊びも苦になりません。あなたが満たされた気分の状態で行うことは、とても重要なポイントです。

金額という数字はあなたがビジネスパーソンであれ学生であれ、日常生活でよく目にする身近な数字ではないでしょうか？ ならば**身近なその数字で、楽しくセンスアップを図ることが最良の方法**だと思います。

ONE POINT

今日から「レシート」は捨てない！
玩具にしてイイ気分で遊ぼう。

4

計算遊び③
あなたを不快にする「％」の計算を克服せよ！

ＣＨＡＰＴＥＲ　１でも話題にしましたが、数字センスを身につけるうえでの最重要事項が「割合（％）」という数字の攻略です。ちなみに割合は次のようにして計算します。念のため、簡単な復習をしておきましょう。

▼**割合＝比べる量÷もとの量**
▼**比べる量＝もとの量×割合**
▼**もとの量＝比べる量÷割合**
（３つの式はすべて同じことを表現しています）

（例）

● 3000円の商品が600円引き
⬇ 600÷3000＝0・2なので、20％引き

● 全従業員400人のうち、35％が女性
⬇ 女性従業員は　400×0・35＝140（人）

● 本年度売上高6億円（前年比120％）
⬇ 昨年度売上高は　6÷1・2＝5（億円）

ちなみに、割り算とは質を測るときに使うものでした。ですから、この割合という数字は質を教えてくれる数字なのです。

たとえば「売上は前年比120％」という数字は計算するまでもなく、「前年と比べてよい」ということを教えてくれますね。

では、そろそろ本題に。

実は企業研修などの現場で、数字で考えるトレーニングをしていて強く感じること

があります。それは、「割合」という数字とうまく付き合えていないビジネスパーソンが多いということです。具体的な問題で説明します。

〈問題1〉
ある外資系企業では日本人社員が60人。
外国人社員のうち女性は10人。
全社員のうち女性は43人。
ということは、日本人社員のうち女性は何人？

こんな問題があったとしても、ほとんどの人がすぐに正解を答えられます。

日本人社員（女性）＝全社員（女性）－外国人社員（女性）＝43－10＝33（人）

では、次の問題はどうでしょう。


〈問題2〉

ある外資系企業では日本人社員が60％。外国人社員のうち女性は25％。

全社員のうち女性の割合は43％。

ということは、日本人社員のうち女性の占める割合は？


実際に現場でウォーミングアップとして考えてもらうことがあるのですが、なんと半数の方が正解を出せません。

つまり、割合でない数字はとても扱いやすいのですが、割合になった途端、扱いにくくなるということです。

参考までに、問題2の答えは次の通りです。

問題2の答え

この外資系企業の全社員を100とおきます。
日本人社員は60、外国人社員は40ですね。
その40のうち25%が女性ですから、

外国人女性＝40×0.25＝10

さらに、全社員のうち女性が43ですから、
日本人女性＝43−10＝33
日本人社員（60）のうち、女性（33）の割合を計算するので、
33：60＝0.55

つまり、55%が正解。

すなわち、あなたの数字センスが高まるかどうかは、**「割合」という数字と仲良くできるかどうか**で決まるのです。

私たちが日常で扱う数字には、割合と割合でないものがあります。割合でないものとは金額や時間、人数といった数字のことを指します。

実は私たち大人がする計算は、次の4種類しかありません。

①「割合でない数」どうしから「割合でない数」を導くとき

（例）50円と100円の合計は150円

50＋100＝150

②「割合でない数」どうしから「割合」を導くとき

（例）50円は100円の50%

50÷100＝0.5

③「割合でない数」と「割合」から「割合でない数」を導くとき

（例）100円の50%は50円

100×0.5＝50

④「割合」と「割合」から「割合」を導くとき

（例）50%のさらに50%は25%

0.5×0.5＝0.25

にもかかわらず、もし割合（%）という数字があなたをイヤな気分にさせているとしたら、4パターンのうち3パターンの計算でイヤな気分になるということです。なんだか、とてももったいないなと思います。

そこで、次項からはこの割合（%）という数字ともイイ気分でお付き合いできるようなトレーニング方法を、ご紹介したいと思います。

大人がする計算は、たった4種類。
割合か、割合でないか、そしてその組み合わせ。

5

計算遊び④ モノの原価を想像すると、食事のオーダーが楽しくなる

唐突ですが、あなたは食事が好きですか？

よほど何か深い理由がない限りは、誰だって食事は楽しいし、好きな時間のはずです。そこでご提案です。

楽しく飲食をしているときこそ、ちょっとだけ数字を使って遊んでみませんか？

そして、できればそのときに割合（％）を使ってみませんか？

実は私は飲食店で楽しんでいるときでも、このようなことを考えるようにしています。

▼ **「お、このお店はサービスがいいな」**

できるだけ利益率の高いものをオーダーしてあげよう。

▼**「う〜ん、この店はサービスが悪い……」**
できるだけ利益率の低いものだけオーダーしよう。

もしかしたら、あなたは私のことを「性格が悪い」とか「ケチ」と思ったかもしれませんね（笑）。

しかし飲食とは、客と店とのビジネスです。つまりその店にどれくらい儲けさせるかは、すべて客である私の「数字センス」次第ということになります。

よいサービスをしてくださる店にはたくさん利益を出してほしいが、そうでない店には儲けさせたくないと考えるのは、ある意味では人間として（ビジネス人として）自然な感情ではないでしょうか？

そこで必要になるのは、その食べ物（飲み物）の原価がいくらなのかを想像することです。もちろん正確な金額などわかりません。ですから、あくまで想像するのみ。数字センスを鍛えるためのトレーニングですから、それでいいのです。

ひとつ具体的なものをご紹介しましょう。ここでは、皆さんがイメージしやすいハンバーガーショップを例にします。

オーダーの候補をハンバーガー、コーヒー、コーラ、ポテトの4つとし、定価と原価が次の通りだとします（原価はざっくり想像した金額です）。

今回は予算350円で何かをオーダーします。

店内の雰囲気もよく、スタッフの挨拶も気持ちいい。そこで、この店にはできるだけ儲かるようなオーダーをしてあげようと考えます。

そのとき、必要になる数字は、店にとってどの商品が効率よく儲かるのか、つまり「質」です。

そこで、利益を計算したうえで「質」を測る割り算をした利益率（売上高に対する利益の割合）で考えることにします。

次ページの表で見ると、この店にとってはコーラとポテトが効率よく儲けることができる商品ということになります。

ハンバーガーショップの商品　（単位：円）

	定　価	原　価	利益額	利益率
ハンバーガー	200	80	120	60.0%
コーヒー	150	30	120	80.0%
コーラ	150	10	140	93.3%
ポテト	200	10	190	95.0%

しかもポテトは利益額も大きい。したがって、私なら間違いなくポテトをオーダーするでしょう。予算は350円ですから、あと150円分オーダーできます。そこで私は、同じ定価でも利益率の高いコーラを選択することにしました。

ポテトひとつとコーラひとつが、私のオーダーになります。

- 売上高　200＋150＝350
- 利益額　190＋140＝330
- 利益率　330÷350＝0.94※（94％）

※小数点以下3位を四捨五入

この店にとっては、なんと利益率94％のオーダーをしてくれた「ありがたいお客様」ということになります。

一方、店内の雰囲気が悪く、スタッフの対応も最悪だったとします。こんなときは先ほどと真逆の考え方をします。すなわち、利用はするけれどできるだけ儲からないような商品を意地悪く（？）オーダーするということです。

具体的には、ハンバーガーひとつとコーヒーひとつが私のオーダーになります。

- 売上高　200＋150＝350
- 利益額　120＋120＝240
- 利益率　240÷350＝0.69※（69％）　※小数点以下3位を四捨五入

利益額が低く利益率も低い。そんなオーダーになります。お店にとっては、「ありがたいけれどイマイチなお客様」ということになるわけです。

「飲食する場」には数字が溢れています。そして割合（%）を頭の中で計算するには絶好の機会です。このように少し原価を想像するだけで、いくらでも数字を使って遊ぶことができます。

何より、おいしいものをいただいているときの人の気分は「快」のはず。そんなときこそ少しだけ原価を想像し、そのお店の利益を計算してみることで、数字と楽しく遊べるのではないでしょうか。

ただし、あまりやり過ぎると食事がつまらないものになってしまうかもしれません。計算遊びはほどほどに、食事もしっかり楽しんでくださいね。

飲食店では原価を想像し、割り算で利益率を計算してみよう。

6

計算遊び⑤ 雑談ネタも数字で作れ！ 世の中の「市場調査」を話題にしよう

飲食している時間も楽しいですが、そのほかに私たちがイイ気分になれるような場面はないでしょうか？ たとえば、趣味の時間やお風呂などのリラックスタイムなどはまさにそうですね。

私はそれ以外で、誰にでもあるこの時間に注目したいと思います。

楽しく雑談している時間。

昨今は書店でも、「雑談の仕方」といったテーマの本がよく売れていると聞きます。たしかにスキマ時間を有効に使い、人間関係を良好にしていくために雑談のスキルは大切なのでしょう。

そこで、本書においてもスキマ時間の雑談術をひとつご紹介しましょう。もちろん、数字を使った雑談術です。

具体的には、**普段から世の中の市場調査をチェックし、それを雑談で使う**のです。

たとえば……、

- 人口が最も多い市区町村は？
- 国内で最も地価が高いのは？
- 今、放映されているテレビ番組の中で、最も長寿番組なのは？
- 1年間で最も多くの観客を動員するアーティストは？
- 最も入籍の多い日はいつ？

あなたが興味のあることで結構ですので、具体的な数字をインプットしておいてください。実は、このような数字をネタにした会話がちょっとしたスキマ時間の雑談にちょうどよいのです。

次の会話は、実際に私がやってみた雑談の例です。「新聞の購読率」に関する

２０２３年のある調査の結果を知っていたので、このような雑談をしたことがあります。仮にその相手を佐藤さんとしましょう。

深沢　「佐藤さんは新聞を毎日読まれていますか？」
佐藤　「ええ」
深沢　「子どもを除いて、大人の何％くらいが新聞を毎日読まれると思いますか？」
佐藤　「え？　知らないですね……どれくらいだろう？」
深沢　「ある調査では39・2％だそうです。つまり、だいたい5人に2人の割合ですね」
佐藤　「この時代のわりに、意外と多いような……」
深沢　「ですよね。でも年齢別に分解するとこの数字の正体がわかるんです」
佐藤　「と、いいますと？」
深沢　「たとえば20代では1・3％、70代では72・2％だそうです」
佐藤　「1・3％！　少ないとは思っていましたが……およそ70倍ですか」
深沢　「よく世代間ギャップというテーマが話題になりますが、単純にこの数字の比較だけでも、20代と70代ではいかに違う人種かがわかります。埋めることが難しいギャップは現実にあるよなぁと実感してしまいますよね」

佐藤「たしかに。ところで、日本の70代って何人くらいいるんでしょうね。実際にどれくらいの高齢者が新聞の定期購読をしているんでしょう?」

深沢「ちょっと興味ありますね。今、スマートフォンで調べてみましょうか」

1分程度の雑談としてはかなり真面目な内容だったかもしれませんが、このように雑談の中で割合という数字から割合ではない数字への計算、あるいはその逆の計算が出てくれば理想的です。日常のシーンにおいても、具体的にそれはどれくらいなのか、多いのか少ないのか、スマートフォンで調べながら会話できるようになります。

その結果、雑談も弾み、もしかしたら新たなビジネスをつかむきっかけになるかもしれません。

CHECK

普段から、市場調査をチェックしておこう。意外な数字は、格好の雑談ネタになる。

スキマ時間は、一人だけで過ごす時間とは限りません。誰かと一緒に過ごすスキマ時間もたくさん存在するはずです。

誰もがスマートフォンを持つ現代。市場調査をネタにちょっとした雑談をすれば、必ず「実際の数字はどれくらいか」を確かめる会話になります。そんなときは謎解きをするようなつもりで、サクッと数字を調べてみてください。

小さな好奇心と「調べる」というちょっとした行為の積み重ねが、必ずあなたの数字センスを高めてくれます。

これからは、数字を使った雑談も楽しんでみませんか？

ONE POINT

市場調査の数字を使って雑談しよう。
知りたい答えを調べるだけで、数字センスがグンとアップ！

7

計算遊び⑥
スマートフォンがあればすぐにできる「どっちが多いかゲーム」

本書でご提案している遊びはすべて、スキマ時間に行うことを前提としています。私たちがスマートフォンを使うのもまた、たいていスキマ時間ではないでしょうか。つまり、**スキマ時間の遊びとスマートフォンは極めて親和性が高い**ということになります。

前項において、実際の数字をスマートフォンで調べることを推奨しましたが、ここでも調べることが楽しくなるゲームをご紹介します。一人でもできますし、どなたかと2人で行うことも可能です。

考えてみよう！

スマートフォンだけでできる、「どっちが多いかゲーム」

①比べる量を2つ決める
↓
②どちらが多いか想像してみる
↓
③スマートフォンで調べてみる
↓
④計算遊びをする

どういうゲームなのか、例を使って説明しましょう。たとえば、こんなテーマを設定して遊んでみます。

Q：コンビニエンスストアとドラッグストア、国内の総売上高（1年間）はどちらが多い？

あなたもどちらが多いか想像してみてください。結論はどちらでも結構です。想像したら実際にスマートフォンなどで情報収集をし、数字をつかんでください。

以降でご紹介する数字は、参照する媒体や調査機関によって異なることがあります。本書はあくまで遊びながら数字センスを鍛えることが目的ですので、数字の厳密性などは重視しておりません。計算の結果もあくまで参考値であることを、ご了承ください。

ここでは、私は経済産業省大臣官房調査統計グループ「商業動態統計速報　2024年5月分」のデータを参照することにしま

2023年　年間商品販売額（億円）	
コンビニエンスストア	128,025
ドラッグストア	85,204

す（右ページ下図参照）。

この資料によると、コンビニエンスストアのほうが多いとのこと。まず、あなたの想像と比べてどうでしたでしょうか？

さて、ここで終わってしまっては面白くありません。せっかくですから、「どちらが多いかゲーム」を続けることにしましょう。

Q：コンビニエンスストアとドラッグストア、1店舗あたりの売上高はどちらが多い？

答えを出すためには、それぞれの合計店舗数という数字が必要になります。いったい、どちらのほうがどれくらい店舗数が多いと想像しますか？

どちらも生活に欠かせないものであり、駅前には必ずと言っていいほど存在するイメージです。個人的にはドラッグストアのほうが1店舗あたりの売上高は大きいのではと仮説を立て、実際に計算してみました。

下図を見てみましょう。

ドラッグストアのほうが、コンビニエンスストアに比べて2倍近く多いことがわかります。

私の予想は当たったようです(嬉)。

まだまだ「どちらが多いかゲーム」を続けることにします。

2023年　全国の店舗数（店）

コンビニエンスストア	55,942
ドラッグストア	19,198

2023年　1店舗あたりの売上高（億円）

コンビニエンスストア
128,025（億円）÷55,942（店）≒2.29
ドラッグストア
85,204（億円）÷19,198（店）≒4.44

Q：コンビニエンスストアとドラッグストア、店員1人あたりの売上高はどちらが多い？

当然ながら店員の数という情報が重要になりますが、難しいところです。コンビニエンスストアはドラッグストアと違い、24時間営業がほとんどでしょう。一方で、店舗の広さとしてはドラッグストアのほうが広いイメージも。

しかし、この2つの単純な売上高が年間で4兆円も差があることを考慮し、個人的にはコンビニエンスストアのほうが多いと予想してみます。

少しインターネットで情報を探していると、コンビニエンスストアの「1店舗あたりの雇用労働者は平均して10～20人」という言及を発見しました。いったんこの情報を信じ、15人とします。

一方でドラッグストアは大型店舗もあれば小規模の店舗もあり、1店舗あたりの店員数を仮定するのが難しいと感じます。少しインターネットで情報を探していると、ごく平均的なドラッグストアチェーンの採用募集要項に、「店舗あたりのスタッフ数：20～40名」という記述がありました。

いったんこの数字を平均的なものと仮定し、30人とします。そこで、ざっくりと店員数の合計を計算してみます。

この数字を用いて、店員1人あ

1店舗あたりの雇用労働者

コンビニエンスストア
55,942（店）×15（人）＝839,130（人）
ドラッグストア
19,198（店）×30（人）＝575,940（人）

店員1人あたりの売上高（億円）

コンビニエンスストア
128,025（億円）÷839,130（人）≒0.152
ドラッグストア
85,204（億円）÷575,940（人）≒0.147

たりの売上高を計算します（右ページ下図）。

わずかにコンビニエンスストアのほうが多いという結果になりますが、結論としてはほぼ同じと考えてよいでしょう。

さて、あなたが想像した結論はいかがだったでしょうか。

なぜ私がこのようなゲームを推奨するかというと、**人間は質問をされると考えるか**らです。

事実、本稿には3つの質問がありました。答えを導くとまではいかなくても、質問があり、それを問われるからあなたは数字で考えるという行為を楽しめたのです。質問という概念をカジュアルにとらえれば、「クイズ」や「ゲーム」です。

ぜひ今日からお友達と、「どっちが多いかゲーム」で楽しく計算遊びをしてみてください。

テーマが思いつかない？　では、たとえば次のようなテーマはどうでしょう？

Q：今、日本では、子どもの数とペットの数ではどちらが多い？
（子どもを何歳以下と定義するかはお任せします）

ベビー用品とペット用品、これからの日本はどちらのビジネスが有望かについて雑談することもできそうですね。

このようなとらえることが難しい量を概算することを**「フェルミ推定」**と呼び、思考力の訓練として注目されています。

テーマは何でもＯＫ！　ぜひ、あなたが楽しめるテーマでクイズを作って楽しんでください。

「どっちが多いか」をテーマにクイズを出し合おう。

計算遊び⑦
昨日、あなたは階段を何段のぼりましたか？

スキマ時間に数字をテーマにして雑談する。スマートフォンで調べながらクイズを楽しむ。その意図とメリットはもうご理解いただけたのではないかと思います。

しかし、

「わかるけど……正直、雑談は苦手なので、できればあまり人と会話したくありません……それに、いちいちスマートフォンで何かを情報収集するのも面倒くさいです！」

そんな方も、読者の中にはきっといらっしゃるでしょう（苦笑）。

そういうあなたには「せめてこれだけはやってみてください」というスキマ時間の

過ごし方をご提案させていただきます。次のようなテーマで、計算遊びをしてみてください。

CHECK

数えられなくはないけれど、現実には数えられないものを数値化する。

スマートフォンは使わず、でも数字を使って遊ぶことができ、かつ頭の中で計算する能力も鍛えられる。しかも、誰かと会話などしなくても自分一人でできる。そんなワガママなあなたのための、究極の計算遊びです。たとえば、こんなテーマを自ら設定してみましょう。

考えてみよう！

昨日、あなたは階段を何段のぼったか？

もちろん、1段ずつ数えているなんてことはないでしょう。階段の段数はざっくりしたものでOK。正確である必要はいっさいありません。仮にあなたが万歩計を持っていたとしても、のぼった（くだった）階段の段数だけを測ることは、そのカウントが目的でない限りできないはずです。

ということは、この質問に答えるためにはどうしてもあなたの思考を使う必要があるということです。

要するに、**数字と思考を使わないと答えられないようなクイズを考え、スキマ時間に計算遊びをすることが、数字で考える力を鍛える最終手段**だということです。

このテーマ、たとえば私なら次のように答えます。

昨日は研修の打ち合わせのため都内某所に足を運び、その後、近くの書店に向かい、自宅に戻りました。

１日にのぼった段数とは？
アタマの中でサクッと数える

自宅～クライアント企業

50×３＝150段

自宅の最寄り駅（のぼり）＝50段

乗換駅（のぼり）＝50段

クライアント企業の最寄り駅（のぼり）＝50段

クライアント企業～書店

50×１＝50段

歩道橋（のぼり）＝50段

書店～自宅

50×４＝200段

歩道橋（のぼり）＝50段

クライアント企業の最寄り駅（のぼり）＝50段

乗換駅（のぼり）＝50段

自宅の最寄り駅（のぼり）＝50段

合計：150＋50＋200＝400段

この計算遊びは、その日にのぼった階段の数をまとめる行為です。ゆえに、足し算と掛け算を使っていることを確認してください。あらためて、四則演算にはそれぞれ役割があるのですね。

さてこの数字、思っていたより少ないというのが私の感想です。このような数字があると、健康と体力向上のためにエレベーターやエスカレーターのある場所でも、あえて階段を使ってみようかなと思えます。些細なことではありますが、気づきと改善策を得ることができました。

▼数字で測るから具体的な情報になる
▼具体的な情報になると、気づくことがある
▼気づけるから、改善もできる

これは、普段の生活やビジネスにおいてもまったく同じことがいえますよね。

このように、ほんの少しのスキマ時間を使い、頭の中で数字を使って測る行為をしてみましょう。繰り返しになりますが、そのときのテーマ設定のポイントは、「数えられなくはないけれど、現実には数えられないものを数値化する」です。

ITツールなどで数値化できるものは、人間が一生懸命数える必要などありません。しかし、そうでないものについては人間が頭の中で数えるしかありません。

それができるようになると、いざビジネスの商談やミーティングなど、サクッと概算する必要があるときに、サクッと簡単に数字を作ることができるようになります。

「現実には数えられないものを数える」というテーマがなかなか浮かばない方は、このCHAPTERの最後（170ページ）に簡単なヒントを用意しておきました。

ぜひご参照いただき、あなたが楽しめるような、つまりイイ気分になれるようなもので遊んでみてください。

「現実には数えられないもの」を頭の中で数えてみよう。

9 計算遊び⑧ ビジネススクールの授業を体験！「愛の値段」を計算してみよう

このCHAPTERでお伝えすることも、これが最後になります。

先ほどの「現実には数えられないものを数値化する」に関連して、次の問題を考えてみましょう。

考えてみよう！

愛の値段は、いくら？

これに関してはさすがに「1分間」でとはいかないと思いますが、数字で考える遊びとしてはとてもいい例題です。実際、ビジネススクールの講義などでも似たようなテーマが思考トレーニングに使われるようです。

そこで、このCHAPTERの最後にここまでの総合演習といった意味で、エリートも難しいと頭を悩ませるこの難問に挑(いど)んでみませんか?

私も企業研修や公開講座などでたまにこのテーマをご紹介することがありますが、そのときの参加者の反応はほとんどが、「そりゃプライスレスでしょ!」です(苦笑)。

しかし一方で、遊び心を持ちながら見事に数値化してみせる方もいます。そんな人はこういう難題に対してたいてい次の2つの思考回路を働かせ、そして見事に数値化しているようです。

▼定義する(数値化したいものを具体的にするのがまず1歩目)
▼比べる(複数のものを比べることで数字は作れる)

どういうことか、説明しましょう。

まず、「愛」という概念が極めて曖昧です。具体的に定義しないままいくら考えたって、値段など計算できないのではないでしょうか。

たとえば、「愛」を「夫婦関係を維持するエネルギー」と定義しましょう。
次に、何かと何かを比べる発想を持ちます。このケースでは、「夫婦関係を維持している2人」と「夫婦関係が破綻した2人」を比べることにします。
この2者を比べて、金額で表現できるものはないでしょうか。たとえば、慰謝料などはいかがでしょう？　もちろん慰謝料が発生しないケースもあるかとは思いますが、ここではシンプルに考えましょう。

「愛」がある……夫婦関係を維持している2人＝慰謝料は不要
「愛」がない……夫婦関係が破綻した2人＝慰謝料が発生

あるデータによれば、離婚の原因などによってその金額は100万～1000万円と幅があるとのことですが、ここではざっくり平均として500万円程度としておきましょう。

この500万円はまさに「愛」のある・ないの差であり（あくまで数字的な理屈で

はありますが)、「愛」というものを金額に置き換えた結果と考えることができないでしょうか。

ちなみに、このケースでは「愛」がある場合とない場合とで比べています。比べるとき、私たちは引き算をします。何度も登場している四則演算の意味と役割ですね。

また、私であればこんな考え方で「愛の値段」を計算するかもしれません。

たとえば「愛」を親と子どもという視点で考え、「愛」の定義を「子どもが0歳から成人になるまでの間に与えたもの」としてみましょう。「愛の値段」は、その子どもにかけた金額ということになります。

一般的には、一人の子どもを成人まで育て上げるのに1500万円はかかるといわれます。そこで私なら、子どもを持つ親を対象に、十分な人数を集めて次のようなアンケートを実施するでしょう。

〈アンケート〉

自分の子どもが成人するまでに1500万円かかるとします。

もし、あなたにとってはまったく見ず知らずの子ども（0歳）が成人するまでにいくらか援助して欲しいと言われたら、いくらまでなら出せますか？

ただし、あなたにはそれを考えるに十分な経済的余裕があるとします。

「愛」がある…自分の子ども＝たくさんお金を使ってあげたい
「愛」がない…まったく見ず知らずの子ども＝正直、あまりお金を使いたくない

人それぞれ、考え方は違います。見ず知らずの子どもでも自分の子どもと同様に出せますと答える方もいれば、正直言って1円も出したくない、という方もゼロではないでしょう。

愛がある ➡ 1500万円
愛がない ➡ 500万円

つまり、
愛の値段 ＝ 1000万円

もしこのアンケートの回答の平均値が500万円であれば、「愛」の値段は1500万円－500万円＝1000万円ということになります。

ここまで2つほどロジックを説明しましたが、どちらにも共通するのは次の思考回路が働いたということです。

▼**定義する（数値化したいものを具体的にする）**
▼**比べる（複数のものを比べる）**

数字で考える力がある人は、このようにして数字を作っていくのです。ただし、これが絶対の正解ではありません。正解のない問題だからこそ、脳が心地よく汗をかける問題でもあります。

あなたなら、どのようなロジックを組み立てて「愛の値段」を計算しますか？「プライスレス」という便利なコトバに逃げることなく、ぜひスキマ時間を使ってチャレンジしてみてください。

そろそろまとめます。

あなたはCHAPTER 2の「コトバ遊び」を通じて数字というものをコミュニケーションツールとして身近に感じることができました。その次のステップとして、このCHAPTERでは数字で考える頭脳を手にするための「計算遊び」をしました。

必要なのは、算数ドリルを一生懸命解くことではありません。1日1分、スキマ時間に計算遊びをすること。それが、あなたの理想とする姿に近づく最短距離です。

もし明日からできそうなものが何かひとつでもあったなら、そしてこのようなスキマ時間の過ごし方が少しでも楽しいと感じるようになったなら、もうあなたは数字センスを90%手に入れたようなものです。

残りの10%は何か？ その答えを、最終CHAPTERでお伝えすることにしましょう。

ONE POINT

数値化できる人は「定義」と「比較」を大切にしている。

③「現実には数えられないものリスト」を作りましょう。

あなたが興味を持てて、かつ現実には数えることができないものをリスト化してみてください。仮に3個挙げることができれば、数字遊びのテーマが3日分は決まったということです。たとえば、

- この1カ月間で「ありがとう」を何回言ったか？
- 近所にある牛丼屋の1日の売上高はいくらか？
- 妻（夫）のお財布には今いくらお金が入っているか？

を、想像してください。そしてもし可能なら、実際の数字を確かめてみてください。

④ゲーム感覚で数を数える習慣を！

たとえば食器洗いをするとき、どれくらいの時間で終わりそうか、推測します。

そして、実際にタイマーなどで時間を計りながら作業を進めるのです。

数がピッタリ合ったときは感動！　イイ気分になります（笑）。

このようにつねに「どれくらいか」を数える感覚を持っておくと、仕事でも何かを見積もることが上手になるでしょう。

「数字センス」を身につけるために必ずやってほしい4つのこと

① レシートはしっかりもらいましょう。

たとえば、飲食店でもらったレシート。その中にレシート番号（伝票番号）はありませんか？

その数字と四則演算を使って、あなたの好きな数字を作ってみてください。あるいは合計金額を滞在時間で割り算してみてください。あなたは1分あたりで、いくら支払ったことになるでしょう？

その金額を高いと感じますか？

それとも安いと感じますか？

それはいったいなぜでしょうか？

② 明日使える数字を使った雑談ネタ（1分間）を考えましょう。

あなたの好きな雑誌は何でしょうか？

あなたの好きなタレントさんは誰でしょうか？

あなたの趣味は何でしょうか？

とにかく、あなたがイイ気分になれるテーマで数字をインプットしてみてください。その数字を明日の雑談ネタにしてみてはいかがでしょう？　ただし、雑談ネタは割合（%）と割合でない数字のいずれもが使われていることを条件としましょう。

CHAPTER 4

「数字センス」を一生モノにするための環境づくり

頑張らないと続かない時点で、
おそらく何かが間違っている

1 「数字センス」を身につける最強の方法は、「そういう環境」にしてしまうこと

私がCHAPTER 1の最後で、次のようなメッセージをお伝えしたことを覚えているでしょうか。

「環境づくりさえできれば、成功は約束されたも同然です」

いよいよ最終CHAPTER。CHAPTER 3の最後にお伝えしたように、私にはまだあなたにお伝えしていないことが残っています。そう、「残り10％」の話です。

まずは、ここまでお伝えしてきたことを整理するところから始めましょう。

● 勉強しなくても、数字センスは身につきます

- 数字を使ったコトバ遊びや計算遊びを楽しんでください
- これらの遊びは、スキマ時間（1分間）で十分できます

あとは、あなたがこれを日常生活やビジネスシーンで実践し、それを続けるだけでOKということになります。しかし、おそらくあなたは今こう思ったのではないでしょうか？

「実践する。続ける。わかるけれど、でもそれが難しいんだよ……」

その通りだと思います。私は企業研修などでビジネスパーソンに行動変容を促す仕事をしていますが、職場に戻って実践し、それを継続できる人は100人のうち1人という感覚です。あなたはこの数字を「とても少ない」と絶望的に思うかもしれません。

しかし（ここが重要です！）、一方で、「それができる人は確実にいる（ゼロではない）」と思うこともできます。

本書をここまで読んでくださったあなたには、ぜひ後者の発想を持っていただきたいのです。

このCHAPTER 4でお伝えするのは、100人のうち1人が共通してやっていることです。

結論から申し上げると、その100人のうち1人は必ず**「強制的にそういう環境にしてしまう」**ということを実践しています。

たとえば、あなたは英会話があまり上手でない人だとします。もし英会話を上達させたいとしたら、手っ取り早い方法としてどんなものを挙げるでしょうか？

- 英語圏の国に住んでしまう
- 英語が母国語の友人、あるいは恋人をつくる
- リスニングの音声をつねに耳に入れる習慣を持つ

どれも正しい方法ではないでしょうか。実はこれらに共通するのが、**「強制的にそういう環境にしてしまう」**という発想なのです。

居住地を変えるとは、生活する環境を変えることです。友人や恋人をつくることは、コミュニケーションする環境をつくることです。強制的に英会話の音声を耳に入れることもまた、「そういう環境にしてしまう」の実践です。

別の事例をご紹介しましょう。

以前、私が登壇したある企業研修において、とても意欲的に参加しているビジネスパーソンがいました。

私の発言に頷き、徹底的にメモをとり、休憩時間は必ず質問をしてきます。あまりに積極的な姿勢が気になり、私はご本人にその理由を尋ねてみました。すると、その方は次のように答えてくれたのです。

「実は会社からの命令で、この研修で学んだことを会社に持ち帰り、自分で社内のメンバーに教える講師をしなければならないんです。だから、先生の何げないひと言も、絶対に聞き逃したくないんです」

私は「なるほど」と思いました。そして人材育成の観点において、この会社はなかなか上手な仕掛けをするなと感心しました。すなわち、この参加者がしっかり学ばざるを得ない環境を強制的に用意したのです。おそらく、この参加者は私の研修で学んだことを習得することができるでしょう。なぜなら、「自分で習得できていないこと」を人に教えるなんてできないからです。

このように、重要なのは「強制的に」というアプローチです。人間は弱い生き物であり、やったほうがいいとわかっていても、ついそこから逃げてしまうケースのほうが圧倒的に多いでしょう。

しかし、100人のうち1人になれる人はそれをよくわかっています。だから、逃げられない環境に自分を置こうとするのです。

では「数字センス」を身につけるという観点において、強制的に置いてしまうとよい環境とは何か。私の答えは3つあります。

- **道具**
- **人**
- **マインド（心）**

環境づくりさえできれば、成功は約束されたも同然です。数字センスを身につけるために必要な「残り10％」のお話。ぜひ最後までお楽しみください。

ONE POINT

100人のうち1人になるポイントは「環境」と「強制」。

2 【道具】あなたの人生に「電卓」を触る環境を用意する

まずは「道具」の話からスタートしましょう。

子どもの頃の遊びに玩具が必要だったように、私たち大人の数字を使った遊びにも玩具があったほうがいいと思います。

そしてそれはできるだけ身近にあり、すぐに触れるものが理想です。そんな条件を満たすものがひとつだけあります。もうおわかりですね。電卓、あるいはスマホの中にある電卓アプリです。

まずは確認です。そもそもあなたは電卓をお持ちでしょうか? あるいは職場のデスクの上に電卓は置いてあるでしょうか。この1カ月を振り返って、電卓を触った機会は何度あったでしょうか。

「電卓なんて持っていない」
「まったく触っていない」

そういう方が多いのではないでしょうか。もちろん、普通に生活している分には何ら問題ありません。しかしこれから数字と仲良くなり、数字センスを身につけようとしているあなたには、これからの人生において必要な玩具になるかもしれません。

そこで提案です。**常にあなたの身近に「電卓」という玩具を置いておき、いつでも触れる環境を用意してはどうでしょうか？** ご自宅あるいは職場のデスクに、電卓をひとつ置いておくのです。

たとえばあなたが職場のデスクで、あるインターネットの記事を見ていたとします。そこには、次のような数字が記載されています。

「日本の全就業者平均の1人当たり年間実労働時間は1607時間」

あなたは、この数字と比べて自分はどうかを考えるかもしれません。自分が1日に平均して何時間くらい仕事をしているかを考え、年間で何日くらい勤務しているかを仮定し、簡単な掛け算をして、ざっくりとどれくらいかを数字で把握したくなるでしょう。

しかし、もしその場に電卓がなかったら、と想像してみてください。途端に面倒な作業になってしまうとは思いませんか？　結果、「まあいいや」と計算することを放棄してしまうかもしれません。

逆にそこに電卓さえあれば、サッと計算して1607時間という数字と比較し、自分の仕事の仕方は平均に比べてどうなのかを評価できるでしょう。

これが意味することは、「遊ぶための玩具は、すぐ手に取れる場所になければならない」ということです。電卓そのものが重要なのではなく、**すぐに電卓に触れられる環境にあることが重要**なのです。

ですからデスクの上に置いておく、というのは意外に重要なポイントです。いくら電卓を持っていたとしても、取り出しにくいところに置いていてはすぐに電卓に触ることができません。

近くにないので取りに行かなくてはならない、このちょっとした手間は必ずあなたに「面倒くさい」という感情をもたらします。遊びの邪魔をするものはできるだけ排除するためにも、すぐに触れるところに置いておくことをオススメします。

なお、この話題になると「どうしても電卓でないといけませんか？　スマホのアプリでもいいですか？」という質問をよくいただきます。私の答えは「電卓が理想ではありますが、どうしても難しければスマホのアプリでも結構です」となります。

スマホのアプリも機能としては電卓と同じですから、基本的には問題ありません。日常生活やビジネスシーンにおいて、サッと計算することを求められる場面ではぜひ積極的に使っていただきたいと思います。

しかしながら、それでもやはり私はアプリよりも電卓の活用を推奨します。なぜなら、（繰り返しますが）**遊びの邪魔をするものはできるだけ排除したいから**です。

あなたが何かを計算するためにスマホのアプリを使用するとします。まずスマホのロックを解除し、使える状態にしなければなりません。

次にスマホの中にある電卓アプリをタップしなければなりません。もし普段から触っていない人は、電卓アプリがどこにあるか探さなければなりません。実際に計算するまでに手間がかかります。

しかし電卓ならばこのような手間がなく、すぐにボタンを押して計算することができます。遊びの邪魔をするものは何もありません。環境にこだわるとは、このような極めて細かいことまでこだわるということなのです。

さぁ、電卓はそばに用意できましたか？　あなたはこれから、電卓というオモチャとどう付き合っていきますか？

すぐに電卓に触れる環境を持つ。

3

【人】数字センスのある人のそばにいる

「残り10％」のお話。続いては「人」がテーマです。

もし私が次のようなことを強制的に習慣にしなさいと申し上げたとして、あなたは「やってみたい！」と思うでしょうか？

「数字ビッシリのデータを毎日眺めなさい」
「日経新聞の株価欄を毎日眺めなさい」
「様々な企業の決算資料をとにかく徹底的に読み込みなさい」

おそらく思わないはずです。数字に対して苦手意識を持っている人にとっては、苦行でしかありません。

一方で、教育的な観点ではこの提案は間違ってはいません。**数字センスを高めたいなら、できるだけたくさん数字に触れることが必須**です。ではどうすれば苦行ではなく、数字にたくさん触れる機会を創出できるのでしょうか。実はいい方法があります。

一般論として、人生において、誰と付き合うか、は重要ではないでしょうか。たとえばあなたの性格はこれまで付き合ってきた「人」の影響を受けて形成されたものです。つまりあなたはその性格になる環境で育ってきた。だから今のあなたなのです。

あなたに得意なスポーツがあるとしたら、これまでの人生のどこかでそのスポーツの楽しさを教えてくれた人がいたはずです。これもまた、そのスポーツが上手になる環境で育ってきたという解釈ができるでしょう。

もしあなたがこれから数字センスを身につけていくのであれば、**誰と付き合うか**という視点もぜひ持っておいてください。

本書をここまでお読みくださったあなたなら、もう数字センスとはどういうものかがご理解いただけていると思います。つまり、あなたが普段から接する人の中で誰が数字センスのある人物かもわかるはずです。これからはできるだけその人物と一緒にいる時間を増やし、意識的に対話を増やすようにしてみてください。

職場にいる数字に強い上司？
理系出身の同僚？
企業のマーケティング部でデータ分析をしている友人？
ファイナンシャルプランナーをしている親戚？

ここで重要なのは、**あなたにとってできるだけ話しやすい人を選ぶこと**です。
あなたにとって、それはどなたになるでしょうか。

なぜ話しやすい人を選ぶことが重要なのかというと、対話の時間がまさに「環境」になるからです。これは176ページでもお話ししたように、英会話が最もわかりやすい例でしょう。
たくさんお喋りできそうな人選ができたら、できるだけその人物と一緒にいる時間を増やし、意識的に対話を増やしてください。参考までに、チャレンジのモデルケースをひとつ用意しました。

STEP 1 家計について雑談してみる

まずはその相手と、身近なテーマから雑談をしてみてはどうでしょうか？　たとえば物価高の影響もあり、家計は多くの人にとって関心があります。電気代や水道代はどれくらいか？　スーパーでの一度の買い物でどれくらい使うか？　教育費についてはどう考えているか？

これらは、テーマ的に数字を持ち出さないわけにはいきません。

まずは、誰もが興味のある家計というテーマで（もちろん支障のない範囲で）、雑談することを日常化してください。数字センスのある人の考え方や家計のやりくりのコツがわかってきますし、あなた自身も数字で考えることが苦ではなくなってきます（なにしろ生活がかかっていますからね）。

STEP 2 経済指標や政治に関するデータについて意見を求める

テレビやインターネットなどでニュースを見ているとき、経済指標や政治に関するデータが紹介されることがあります。そんなときは「この数字ってどんな意味があるの？」などと質問してみましょう。

数字センスのある人なら、この数字の意味や自分の解釈などを簡単に語ってくれるでしょう。さらに「なぜそのような解釈になるの？」などと追加で質問をしてみましょう。日頃からどのように数字を見ているか、どのような考え方で数字を見ているかを説明してくれるかもしれません。

繰り返していくことで、あなた自身も少しずつ経済指標や政治に関するデータなどを気にするようになり、意味を自分で考えることができるようになっていきます。

STEP 3 飲食店に入ったときはクイズを出す

「このお店は1日の売上高、どれくらいだろうね？」などとクイズのような質問をしてみましょう。数字センスのある人なら、おそらくこのようなクイズを歓迎します。

短い時間でざっくり概算し、自分の考えを語ってくれるかもしれません。その説明内容をよく聞き、物事を量でとらえることに慣れている人の考え方を盗んでください。もちろん、このようなクイズはほかにもたくさん作れるはずです。

たとえば電車に乗ったときであれば、「この電車には今何人くらい乗っているだろうね？」というクイズが瞬時に作れます。

数字に関するクイズを出し、相手の考えを聞く。これを続けることで、数字センスのある人がどんな思考をするかがわかってきます。

このように少しずつ数字にまつわる対話を増やしていくことによって、あなたはその相手と少しずつ似てくるはずです。それを実感できるようになるまで、粘り強く続けてみてください。

CHECK

人は少なからず、付き合う「人」の影響を受けるもの。

最後に余談です。もしあなたがビジネスパーソンであり、「職場で成果を出したい」

「仕事の数字に強くなりたい」と思っているなら、あなたの会社にいる人の中で最も数字センスのある人を対話の相手に選ぶべきでしょう。それが社長なのであれば、その社長と一緒にいる時間を増やし、意識的に対話を増やすのです。難しければ上司でもいいでしょう。間違いなくそれが最短距離でゴールにたどり着く選択です。

私が知る限り、数字に強いビジネスパーソンは例外なく、経営者あるいはそれに準ずる仕事をしている人と、実にたくさんお喋りをしています。

さあ、あなたは誰を数字センス向上のためのパートナーに選びますか？ あなたを育てる環境は、ほかでもないあなた自身がつくるのです。

ONE POINT

数字センスのある人と、
できるだけたくさん対話をしてください。

4 【マインド（心）】もうこの先は、「文系」というコトバを使わない

最後は「心」、「マインド」の話です。

私は仕事柄、これまでたくさんの「数字が苦手」とおっしゃる人にお会いしてきました。実は、彼らにはある心の傷があります。

彼らは自ら好んで「数字が苦手」になったわけではありません。たとえば子どもの頃の算数や数学の授業において、嫌な思いをしたのかもしれません。そして、その嫌な記憶はずっと身体の中に残ります。

そしてもうひとつ、多くの人がとらわれている呪縛といっても過言ではない、「文系・理系」という分類。

子どもの頃の算数や数学の授業において嫌な思いをした人の多くは、自然に「文系」を選択することになります。つまり、数字というものからできるだけ離れた人生

を送ろうとするのです。

私はこれまで、「数字が苦手」とおっしゃる人から次のようなコトバをたくさん聞いてきました。

「文系出身なので数字が苦手なんです……」

しかし、私はそうではないと思うのです。文系出身だから数字が苦手なのではなく、幼い頃（若い頃）に数字というものを通じて心に傷を持ってしまったから、結果的に文系という分類を選んだのではないでしょうか。

「文系出身」が問題なのではありません。「いまだ癒えぬ心の傷」が問題なのです。

そこで提案があります。**あなたの「マインド」も、あなたの人生を決める環境のひとつと考えてみませんか？**

もし心が健康でないとしたら、それはいい環境の中で生きていないということです。あなたが本気で数字センスを身につけたいと思っているなら、それがしっかり身につく心の状態にしなければなりません。

そのためには、間違った認識は今すぐ心の中から排除しましょう。先ほどもお伝えしたように、「文系出身なので数字が苦手なんです……」は間違った認識です。このコトバは呪(のろ)いのようなものです。

思えば思うほど、言えば言うほど、あなたはますます「ああ自分は数字が苦手なんだ」とさらに勘違いしてしまうことになります。

今からある2つの提案をします。ぜひ実践してみてください。

★「文系（出身）」というコトバを二度と使わない

あなたはわざわざ自ら文系と宣言しなくても、何も困らず生きていけるはずです。ならば、これからはそう宣言せずに過ごしましょう！

★「苦手」ではなく「なんか面白い」と言う

あなたは数字が苦手なのではありません。だから「苦手」というコトバは使ってはいけません。だからと言っていきなり「数字が得意です」と発言するのはまるで嘘を言うようで、ハードルが高いでしょう。

ではどうするか。「数字が苦手」ではなく「数字ってなんか面白い」と言うようにしてください。

あなたは本書をここまでお読みいただき、まさに数字の楽しさ、面白さを少しは感じていただけたのではないでしょうか。ならばその感情を素直に、これからは堂々と、表現するのです。

「数字ってなんか面白い」と言えば言うほど、本当にあなたは面白いと思うようになっていきます。疑う方もいるかもしれませんので、少しばかり補足をします。

口から発するコトバというものは、ものすごい力を持っています。

たとえば私が十数年前にビジネス数学を広めたいと考えたとき、真っ先に思いついたのが「本を書くことでビジネス数学を世の中に広めたい」ということでした。

それ以来、私は「本を書きたいです」といろいろなところで意図的に発言するようにしました。失笑する人もいました。ほとんどの人は耳を貸しません。

でも言い続けました。半分は自分に言い聞かせるためだったのかもしれません。あまりに言い続けるせいで、私の脳が騙(だま)されたのでしょうか。自分はもうベストセラー作家になったつもりになって、過ごすようになってしまいました(笑)。

そしてその1年後、なんと私の処女作が全国の書店に並んでいました。口から発するコトバというものには、これほどまでにものすごい力があります。本当です。

私はあなたに2つの提案をしました。これは、自分に義務として課す強制的なものとお考えください。そうすることであなたのマインドにある「文系出身なので数字が苦手なんです……」という間違った認識が排除され、理想的なマインドがつくられます。「マインド」が数字と不仲なうちは、絶対に数字センスは手に入りません。結局のところ、人間は「マインド」に縛られる生き物なのですね。

口から発するコトバで、あなたの人生は決まる。
今日からはコトバを変え、数字と仲良しの人生を。

「数字センス」を身につけるために必ずやってほしい３つのこと

① 電卓を触るルールを決めておく

電卓という玩具を触ることを習慣化するためには、具体的なルールを決めることを推奨します。

たとえばネットの記事を１本読んだら必ずその記事に記載された数字のどれかをピックアップし、その数字を使って計算遊びをする。あるいは、寝る前に必ずその日にもらったレシートで計算遊びをするなど。

ぜひ、負担にならないマイルールを考えてみてください。

② 相手に「どれくらい？」と思わせないキャンペーン

「どれくらい？」とは具体的な量を知りたいときにする質問です。そこで、誰かと対話をしているときに「どれくらい？」と尋ねられないように意識してコミュニケーションしてみてください。そうすれば必ず、あなたは数字を入れて話すことを強く意識するようになります。

一人で楽しめる、「どれくらい？」と思わせないキャンペーン。まずは明日、1日だけでもやってみてください。

③ イヤな気分の日は数字で遊ばない

本書で一貫してお伝えしたことは、「楽しむ」ということです。ですから体調が優れなかったり、落ち込んだり、何もしたくない日には無理に数字で遊ぼうとしてはいけません。そんな日は何もせず、好きなことだけしてリフレッシュしましょう。イイ気分のときに、存分に楽しんでください。

おわりに――「遊び」で得られるものは、計り知れない

日経新聞の1面にはたくさんの文字が並んでいます。その中で「数字」はどれくらいの割合を占めると思いますか？

私は、実際にある日の日経新聞の1面で数えてみました。ただし概算値です。

- 文字数　　およそ6000
- そのうち数字　　およそ600
- その割合　　10％

その日の経済指標やグラフの中の表記、広告欄に記載されている広告主の電話番号などもカウントしています。ですからいつも新聞の記事欄だけ読んでいる方にとっては、この10％という数字は想像より大きく感じられたかもしれません。

ただ、このデータは私たちにこういうことを教えてくれます。

良識ある大人が日常行うコミュニケーションでは、10文字にひとつは数字が入っている。これはたとえるなら、3秒の発言につき1個は数字が入っているということです。

他方、数字は「世界共通の言語」であるとも言われます。確かに世界中どこに行っても、「100」というコトバは誰もが同じものを認識できます。よく考えると、これはすごいことです。

それほどまでにたくさん使い、世界中で伝わる尊いコトバにもかかわらず、それに対して何かしらの不快感や苦手意識を持ってしまっているとしたら、それはあまりにもったいないことであり、人生を理想通りに生きるために「不利」だと思います。

一方で、もしかしたら私たちはこの問題に対して、少々真面目過ぎたのかもしれません。教科書通りにコツコツ勉強することが正しいことであり、遊びなんてけしからんと思い込んではいないでしょうか？

遊ぶことで得られるものは、計り知れない。

子どもの教育においてよく語られるこの言説が、大人に当てはまらないとは思いません。ですから、私は声を大にして言いたい。

「大人たちよ、子どものようにもっと数字を使って遊びましょう」と。それが世界から「数字が苦手」を撲滅する唯一の方法です。

そろそろお別れです。

本書があなたの人生に有益なものになることを願って、筆をおきます。最後までお読みいただき、ありがとうございました。もしいつかお会いする機会があれば、そのときはぜひ一緒に数字で遊びましょう。

深沢 真太郎

ご感想をぜひお聞かせください。必ずお返事をさしあげます。

info@bm-consulting.jp

本書は、小社より刊行した『数字アタマのつくりかた』を
改題の上、加筆・改筆・再編集したものです。

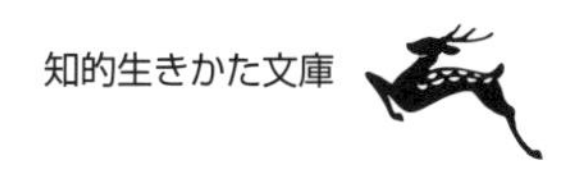

読（よ）むだけで数字（すうじ）センスがみるみるよくなる本（ほん）

著　者　深沢真太郎（ふかさわ・しんたろう）
発行者　押鐘太陽
発行所　株式会社三笠書房
〒102-0072　東京都千代田区飯田橋3-3-1
https://www.mikasashobo.co.jp
印　刷　誠宏印刷
製　本　若林製本工場

ISBN978-4-8379-8899-1 C0130

本書へのご意見やご感想、お問い合わせは、QR コード、
または下記 URL より弊社公式ウェブサイトまでお寄せください。
https://www.mikasashobo.co.jp/c/inquiry/index.html

C30146